# 城市污水处理技术与应用

范金霞　赵小燕　著

中国建材工业出版社

北　京

**图书在版编目（CIP）数据**

城市污水处理技术与应用 / 范金霞，赵小燕著.

北京：中国建材工业出版社，2024. 11. -- ISBN 978-7-5160-4251-9

Ⅰ. X703

中国国家版本馆CIP数据核字第2024FR4567号

**城市污水处理技术与应用**
CHENGSHI WUSHUI CHULI JISHU YU YINGYONG

范金霞　赵小燕　著

出版发行：中国建材工业出版社

地　　址：北京市西城区白纸坊东街2号院6号楼

邮　　编：100054

经　　销：全国各地新华书店

印　　刷：三河市悦鑫印务有限公司

开　　本：710mm×1000mm　1/16

印　　张：13

字　　数：240千字

版　　次：2025年1月第1版

印　　次：2025年1月第1次

定　　价：79.00元

# 前　言

随着我国城市化、工业化进程的加快和城市人口数量的增加，良好的水环境已成为城市发展、建设和谐社会的重要前提。我国是一个严重缺水的国家，人均水资源占世界平均水平的1/4，是全球13个人均水资源最贫乏的国家之一，有400多个城市存在供水不足的问题，其中缺水比较严重的城市超过100个。传统的城市水体污染物末端治理和排放的方法难以满足我国城市对日益短缺的水资源的需求，亟须针对此领域开展研究，以提供新的解决问题的理念和技术系统。

本书从解决处理城市污水问题入手，明确城市污水可持续应用的基本方向，本着污水处理与回用技术必须实现环境友好的思想，提出了城市污水可持续处理与回用技术的方针，论述了城市污水的处理及资源化；介绍了城市污水再生利用的设计技术；从可持续性角度出发，提出了城市污水再生利用的管理对策，并介绍了污水再生利用的模式及评价，以及城市污水监测方法的完善。

当前，我国水环境保护、水污染防治已深入人心，随着我国经济实力的增强，城市污水处理的建设事业将得到永续发展。撰写本书是为了让人们更好地保护水资源，充分利用我国有限的水资源，让人民群众能够饮用安全、放心的水。

全书共八章，主要内容包括：第一章总论；第二章城市污水的预处理；第三章城市污水处理工艺；第四章城市污水回用；第五章中水回用；第六章城市污水处理的自动控制；第七章城市污水处理工程调试与运行管理；第八章城市污水处理工艺系统与工程设计典型实例。

本书可供从事城市建设和水务管理、城市污水再生利用规划与管理、城市污水厂建设和运行管理等方面有关领导和科技人员、技术人员参考借鉴，也可作为大中专院校的水资源、环境工程专业的教学参考书。

在编写过程中，本书参考了同行专家、学者的许多学术成果和资料，在此对他们表示敬意和感谢。由于著者水平有限，书中难免存在疏漏或不足之处，敬请读者批评指正。

著 者

2024 年 6 月

# 目 录

# 第一章　总　　论

## 第一节　城市污水的来源及特性

### ■ 一、城市污水的来源与分类

**1. 城市污水来源**

城市污水是通过下水管道收集到的所有排水，是排入下水管道系统的各种生活污水、工业废水和城市降雨径流的混合水。生活污水是人们日常生活中排出的水。它是从住户、公共设施（饭店、宾馆、影剧院、体育场馆、机关、学校和商店等）和工厂的厨房、卫生间、浴室和洗衣房等生活设施中排放的水。这类污水的水质特点是含有较高的有机物，如淀粉、蛋白质、油脂等，以及氮、磷等无机物，此外，还含有病原微生物和较多的悬浮物。相比较于工业废水，生活污水的水质一般比较稳定，浓度较低。工业废水是生产过程中排出的废水，包括生产工艺废水、循环冷却水冲洗废水以及综合废水。由于各种工业生产的工艺、原材料、使用设备的用水条件等的不同，工业废水的性质千差万别。相比较于生活废水，工业废水水质水量差异大，具有浓度高、毒性大等特征，不易通过一种通用技术或工艺来治理，往往要求其在排出前在厂内处理到一定程度。降雨径流是由降水或冰雪融化形成的。对于分别敷设污水管道和雨水管道的城市，降雨径流汇入雨水管道，对于采用雨污水合流排水管道的城市，可以使降雨径流与城市污水一同加以处理，但雨水量较大时由于超过截留干管的输送能力或污水处理厂的处理能力，大量的雨污水混合液出现溢流，将造成对水体更严重的污染。

**2. 城市污水的分类**

城市污水按来源可分为生活污水、工业废水和径流污水。其中工业废水又分为生产废水和生产污水。

（1）生活污水：生活污水主要来自家庭、机关、商业和城市公用设施。其中主要是粪便和洗涤污水，集中排入城市下水道管网系统，输送至污水处理厂进行处理后排放。其水量水质明显具有昼夜周期性和季节周期变化的特点。

（2）工业废水：工业废水在城市污水中的占比，因城市工业生产规模和水平而不同，可从百分之几到百分之几十。其中往往含有腐蚀性、有毒、有害、难以生物降解的污染物。因此，工业废水必须进行处理，达到一定标准后方能排入生活污水系统。生活污水和工业废水的水量以及两者的比例决定着城市污水处理的方法、技术和处理程度。

（3）城市径流污水：城市径流污水是雨雪淋洗城市大气污染物和冲洗建筑物、地面、废渣、垃圾而形成的。这种污水具有季节变化和成分复杂的特点，在降雨初期所含污染物甚至会高出生活污水多倍。

## 二、城市污水特性

城市污水的性质包括污水的物理性质、化学性质以及污水的生物性质。

### 1. 污水的物理性质

城市污水物理性质主要是指污水的温度、颜色、臭味及固体含量。

（1）温度。温度是最常用的水质物理指标之一。由于水的许多物理特性、水中进行的化学过程和微生物过程都和温度有关，所以它是通常要测定的。一般来说，生活污水的温度年平均值在15℃左右，变化不大。而工业废水的温度同生产过程有关，变化较大。有的温度可能很高，如酒精厂的废水温度近90℃。大量较热的工业废水直接排入水体，将造成热污染，影响水生物的正常生活。过高温度的废水对生物处理也是不利的，必要时应冷却到对微生物适宜的温度才行。

（2）色度。各种水由于含有不同杂质，常显出各种颜色。天然的河水或湖沼水常带黄褐色或黄绿色，这往往是腐殖质造成的。水中悬浮泥沙常显黄色。各种水藻如球藻、硅藻等的繁殖可以使水产生绿色、褐色。纺织、印染、造纸、食品、有机合成等工业的废水常含有有机或无机染料、生物色素、无机盐、有机添加剂等而使废水着色，有时颜色很深。新鲜的生活污水呈灰暗色，腐败的污水则成黑褐色。因此，人们往往按水的表现颜色可推测是哪一种水以及水中所含杂质的种类和数量。

水中呈色的杂质可处于悬浮、胶体或溶解状态，包括悬浮杂质在内的杂质所造成的颜色称为表色。除去悬浮杂质后，由胶体及溶解杂质所造成的颜色称为真色，所以，水中悬浮的泥沙形成的黄色、水藻繁殖生成的绿色、褐色是表色。

（3）臭味。被污染的水常会被人们闻到一种不正常的气味或臭味，人们凭这个臭味的强弱可以推测水中所含杂质或有害成分。一般而言，废水的臭味主要来自有机物腐解过程中挥发出来的气体。臭味给人们不愉快的感觉，恶臭甚至会对人体生理活动有害，会使人产生不快的感受，呼吸困难、胸闷、呕吐、心乱等反常心理现象。因此，臭味的消除问题，在废水无害化处理中是必须认真对待的。

（4）固体含量。废水中所含杂质，一般大部分属固体物质。这些固体物质以溶解的、悬浮的形式存在于水中，两者的总称为总固体。它包含有机化合物、无机化合物和各种生物体。故固体含量的多少，也反映了杂质含量、污染程度的高低。但是，一般测定总固体量还不足以说明污水物质的性质、组成情况。因此，在水质分析时，除了测定总固体量，还需对其中的各个组分予以测定，如总固体（TS）、悬浮固体（SS，包括挥发性的和非挥发性的）、溶解固体（DS）。总固体的测定是需在一定的温度下把水样烘干，再测固体量。而悬浮固体，作为废水的一个重要的物理指标，一般存在于食品、化工、造纸等水中。它使水质混浊，降低水质透光性，影响水生生物的呼吸、代谢作用，甚至使鱼类窒息死亡。它排入水体过多，也会造成底部淤浅，底泥累积与腐化，水质变坏。废水中的溶解固体，种类繁多，亦较复杂，含各种无机物及有机物。一般来说，溶解固体越多，水中所含溶解盐类也越多。过多的溶解固体，给某些废水处理过程带来不利的影响。

2. 污水的化学性质

污水中的杂质，就其化学性质而言，可区分为两大类，即有机物质和无机物质。这些物质以溶解和非溶解的状态存在于废水之中，所以，污水的化学特性指标一般分为有机的和无机的两大类。有机指标有生化需氧量，化学需氧量，总需氧量，总有机碳，含氮、磷化合物以及其他有机物等。

（1）五日生化需氧量（$BOD_5$）。它是目前广泛应用的作为有机物含量的污水水质指标。由于生化过程进行得慢，如在 20℃ 培养，要完全完成这个过程超过 100 d。因此，除长期研究工作外，没有实用价值，一般目前都采用 20℃ 培养 5 d 的五日生化需氧量（$BOD_5$），作为检验指标，来反映废水中有机污染环境的潜力。在测生活污水的 $BOD_5$ 时，因为生活污水中有足够的微生物和必要的营养物质，所以，不需要接种和添加营养剂。而对工业污水，则往往需要加试剂和接种，才能测定。

（2）化学需氧量（COD）。在一定条件下，强氧化剂能氧化有机物为二氧化碳和水。但是，废水中所含有机物的种类繁多，并不是全部有机物都能被化学氧化的。事实上，迄今为止，人们还没有找到一个能氧化所有常见有机物的化学剂。按氧化剂的不同，COD 的测定法主要有如下两类。

①重铬酸钾法（$COD_{cr}$）。目前 $COD_{cr}$ 值的测定在国际上大多采用重铬酸钾为强化剂，被称为重铬酸钾法，即在酸性条件下，污水水样加热沸腾回流 2 h，把所耗用

的重铬酸钾量换算成以氧量计 $COD_{cr}$ 值的测量方法。在酸性沸腾条件下，重铬酸钾能氧化很多有机物。但对有些有机物，如醋酸、醋酸盐、芳香族化合物等，则不能被完全氧化。如果用硫酸银做催化剂，直链脂肪族化合物就容易氧化，只有一些芳香族化合物不能完全氧化。这样基本上近 98% 的有机物可被氧化。

在上述过程中，强氧化剂不仅将有机的还原性物质氧化，而且将无机的还原性物质氧化。如污水水样中可能存在的硫化物、亚硫酸盐、硫代硫酸盐、亚铁盐等无机还原剂亦可被重铬酸钾氧化。对污水水样存在的氯离子影响，可采用回流前向水样加入硫酸汞，使氯离子成为络合物，从而消除氯离子对 $COD_{cr}$ 测定的干扰。

②高锰酸钾（$COD_{Mn}$）。除采用上述的重铬酸钾作为氧化剂外，COD 测定中也可采用高锰酸钾对废水中还原物质进行氧化，其机理与重铬酸钾法一致。

（3）总需氧量（TOD）。指有机物完全氧化所需要的氧，一般通过 TOD 分析仪测定。

（4）总有机碳（TOC）。废水中有机物含量，除以有机物氧化过程的耗氧量，如 BOD、COD、TOD 指标外还含有以有机物中某一主要元素的含量来反映的指标。TOC 指标的测定方法与上述 TOD 相似。

（5）含氮、磷化合物。在生活污水中，一般只有有机氮和氨氮。而在工业废水中可能有亚硝酸氮、硝酸氮。有机氮来自蛋白质和尿素。生活污水中的有机氮一般为 10 mg/L 左右。有机氮中约 50% 属于蛋白质，以固体形态悬浮于废水中。氨氮来自蛋白质和尿素的分解。生活污水中氨氮一般为 5 mg/L 左右。近来，由于工业生产的迅速发展以及城市人口的急剧增加，废水的含氮量、含磷量也剧增，在废水的生物处理中，了解水样中的含氮量、含磷量是必要的。它们是目前废水水质分析中的一个重要水质指标。

（6）其他有机物指标。对废水中的有机物含量和种类的了解以及废水生物处理的设计与运行，这些有机物指标是十分重要的。但对某些工业废水来说，它还含有某种特定的成分，需另行测定。例如油脂类、酚类有机污染物质，在工业废水中存在面较广，对环境影响也较大，油污染、酚污染已成为人们日益关注的重大环境问题。

废水中除含上述有机物污染外，还含有各种无机污染物。这类无机污染物主要包括金属及其化合物、无机盐类和酸、碱等。许多金属及其化合物都是有毒物质，尤其是一些重金属，如汞、砷、铅、铬、钡、矾等。

对上述的这些无机污染物的测定，一般常用的、主要的无机物指标为 pH 值、碱度、硫酸盐、硫化物、氯化物、氢化物、重金属。

3．污水的生物性质

污水中除含有各种污染杂质外，还含有生物污染物。其中主要是细菌，并且大多是无害的，但也可能含有各类病原体。例如，生活污水中可能含有可经水传播的肠道传染病菌、肝炎病毒以及寄生虫卵等；制革厂和屠宰厂的废水中含有炭疽杆菌和钩端螺旋体等；医院和生物研究所的废水中有种类繁多的病原体。这些生物污染物质，一般是通过细菌总数和大肠菌群数这两个指标来度量的。此外，为了检测废水对水生生物的毒性影响，一般采用生物检测法。

# 第二节 城市污水处理技术概述

## 一、废水处理的分类

1．污水处理程度分类

城市的污水包括工业和生活废水，成分极其复杂，主要含有需氧物质、难降解的有机物，藻类的营养物质、农药、油脂，同体悬浮物、盐类、致病细菌和病毒、重金属以及各种零星飘浮杂物。各类工业废水的组成又互不一致，千差万别，因此，具体的处理方法也有多种多样。目前，城市污水处理正向现代化和大型化方向发展，就其处理的历程而言，主要有一级、二级和三级处理之分，现分别简述如下。

一级废水处理通常采用物理方法（图 1-1），主要目的是清除污水中的难溶性固体物质，诸如砂砾、油脂和渣滓等；一级处理工艺一般由格栅、沉淀和浮选等步骤组成。

图 1-1　废水的一级处理示意图

二级处理的主要目的是把废水中呈胶状和溶解状态有机污染物质除掉（图1-2）。借助微生物的代谢作用，将废水中复杂有机物降解成简单的物质，这是二级处理中最常用的生物处理法的基础。目前，二级处理工艺上主要有用好氧生物处理流程，包括活性污泥法和生物过滤法。

图1-2 废水的二级处理示意图

经过二级废水处理后排放，其中还含有不同程度的污染物。必要时，仍需采用多种工艺流程，如曝气、吸附、化学絮凝和沉淀、离子交换、电渗析、反渗透、氯消毒等，做浓度处理或高级废水处理。其过程包括悬浮固体物的去除、可溶性有机物的去除、可溶性无机物的去除、磷的去除、氮的去除和金属的去除。

三级处理也称为高级处理或深度处理：当出水水质要求很高时，为了进一步去除废水中的营养物质（氮和磷）、生物难降解的有机物质和溶解盐类等，以便达到某些水体要求的水质标准或直接回用于工业，就需要在二级处理之后进行三级处理。

2. 按作用原理分类

废水处理方法可按其作用原理分为四大类，即物理处理法、化学处理法、物理化学法和生物处理法。

（1）物理处理法。通过物理作用，以分离、回收废水中不溶解的呈悬浮状态污染物质（包括油膜和油珠），常用的有混凝澄清法、浮力上浮法等。

（2）化学处理法。向污水中投加某种化学物质，利用化学反应来分离、回收污水中的污染物质，常用的有电渗析法、超滤法等。

（3）物理化学法。利用物理化学作用去除废水中的污染物质，主要有萃取法、离子交换法、电渗析法、反渗透法、吸附法等。

（4）生物处理法。通过微生物的代谢作用，使废水中呈溶液、胶体以及微细悬浮状态的有机性污染物质转化为稳定、无害的物质，可分为活性污泥法、生物塘法、厌氧生物处理法、生物膜法、接触氧化法等。

## ■ 二、物理处理法

重力分离法指利用污水中泥沙、悬浮固体和油类等在重力作用下与水分离的特性，经过自然沉降，将污水中密度较大的悬浮物除去；离心分离法是在机械高速旋转的离心作用下，把不同质量的悬浮物或乳化油通过不同出口分别引流出来，进行回收；过滤法是用石英砂、筛网、尼龙布、隔栅等做过滤介质，对悬浮物进行截留。蒸发结晶法是加热使污水中的水汽化，固体物得到浓缩结晶。磁力分离法是利用磁场力的作用，快速除去废水中难以分离的细小悬浮物和胶体，如油、重金属离子、藻类、细菌、病毒等污染物质。

其他常用物理方法有如下几种。

（1）混凝澄清法是对不溶态污染物的分离技术，指在混凝剂的作用下，使废水中的胶体和细微悬浮物凝聚成絮凝体，然后予以分离除去的水处理法。混凝澄清法在给水和废水处理中的应用是非常广泛的，它既可以降低原水的浊度、色度等水质的感观指标，又可以去除多种有毒有害污染物。废水处理的混凝剂有无机金属盐类和有机高分子聚合物两大类，前者主要有铁系和铝系等高价金属盐，可分为普通铁、铝盐和碱化聚合盐；后者则分为人工合成的和天然的两类。混凝澄清法的主要设备有完成混凝剂与原水混合反应过程的混合槽和反应池，以及完成水与絮凝体分离的沉降池等。

（2）浮力浮上法是对不溶态污染物的分离技术，指借助于水的浮力，使水中不溶态污染物浮出水面，然后用机械加以刮除的水处理方法。浮力浮上法可分为自然浮上法、气泡浮升法和药剂浮选法。自然浮上法又称隔油，这是因为该法主要用于粒径大于 $50 \sim 60~\mu m$ 的可浮油分离，主要设备是隔油池。气泡浮升法主要针对油和弱亲水性悬浮物，在废水中注气，让细微气泡和水中的悬浮微粒随气泡一起浮升到水面，加以去除，主要设备有加压泵、溶气罐、释放器和气浮池等。药剂浮选法是在水中加入浮选剂，使亲水粒子的表面性质由亲水性转变为疏水性，降低水的表面张力，提高气泡膜的弹性和强度，使细微气泡不易破裂。浮选剂按功能可分为捕收剂、调整剂和起泡剂三类，它们大多是链状有机表面活性剂。

## 三、化学处理法

化学处理法就是通过化学反应和传质作用来分离、去除废水中呈溶解、胶体状态的污染物或将其转化为无害物质的废水处理法。通常采用方法有中和、混凝、氧化还原、萃取、汽提、吹脱、吸附、离子交换以及电渗透等方法。

1．电渗析法

电渗析法是对溶解态污染物的化学分离技术，属于膜分离法技术，是指在直流电场作用下，使溶液中的离子作定向迁移，并使其截留置换的方法。离子交换膜起到离子选择透过和截阻作用，从而使离子分离和浓缩，起到净化水的作用。电渗析法处理废水的特点是不需要消耗化学药品，设备简单，操作方便。在废水处理中，电渗析法应用较普遍的类型有以下几种：

（1）处理碱法造纸废液，从浓液中回收碱，从淡液中回收木质素；

（2）从含金属离子的废水中分离和浓缩重金属离子，对浓缩液进一步处理或回收利用；

（3）从放射性废水中分离放射性元素；

（4）从硝酸废液中制取硫酸和氢氧化钠；

（5）从酸洗废液中制取硫酸及沉降重金属离子；

（6）处理电镀废水和废液等。

2．超滤法

超滤法属于膜分离法技术，是指利用静压差，使原料液中溶剂和溶质粒子从高压的料液侧透过超滤膜到低压侧，并阻截大分子溶质粒子的技术。在废水处理中，超滤技术可以用来去除废水中的淀粉、蛋白质树胶、油漆等有机物和黏土、微生物，还可用于污泥脱水等。在汽车、家具制造业中，用电泳法将涂料沉淀到金属表面后，要用水将制品涂料的多余部分冲洗掉，针对这种清洗废水的超滤设备大部分为醋酸纤维管状膜超滤器。超滤技术对含油废水处理后的浓缩液含油5%～10%，可直接用于金属切割，过滤水可重新用作延压清洗水。超滤技术还可用于纸浆和造纸废水、洗毛废水、还原染料废水、聚乙烯退浆废水、食品工业废水以及高层建筑生活污水的处理。

## 四、物理化学法

物理化学法是利用萃取、吸附、离子交换、膜分离技术和气提等操作过程，处理或回收利用工业废水的方法。主要有以下五种。

1．萃取法

将不溶于水的溶剂投入污水之中，污染物由水中转入溶剂中，利用溶剂与水的密度差，将溶剂与水分离，污水被净化，再利用其他方法回收溶剂。

2．离子交换法

利用离子交换剂的离子交换作用来置换污水中的离子态物质。

3．电渗析法

在离子交换技术基础上发展起来的一项新技术，省去了用再生剂再生树脂的过程。

4．反渗透法

利用一种特殊的半渗透膜来截留溶于水中的污染物质。

5．吸附法

利用多孔性的固体物质，使污水中的一种或多种物质吸附在固体表面进行去除：吸附法是对溶解态污染物的物理化学分离技术。废水处理中的吸附处理法，主要是指利用固体吸附剂的物理吸附和化学吸附性能，去除废水中多种污染物的过程，处理对象为剧毒物质和生物难降解污染物。吸附法可分为物理吸附、化学吸附和离子交换吸附三种类型。影响吸附的主要因素有：

（1）吸附剂的物理化学性质；

（2）吸附质的物理化学性质；

（3）废水 pH 值；

（4）废水的温度；

（5）共存物的影响；

（6）接触时间。

常见的吸附剂有活性炭、树脂吸附剂（吸附树脂）、腐殖酸类吸附剂。吸附工艺的操作方式有静态间歇吸附和动态连续吸附两种。

## 五、生物处理法

未经处理即被排入河流的废水，流经一段距离后会逐渐变清，臭气消失，这种现象是水体的自然净化。水中的微生物起着清洁污水的作用，它们以水体中的有机污染物作为自己的营养食料，通过吸附、吸收、氧化、分解等过程，把有机物变成简单的无机物，既满足了微生物本身繁殖和生命活动的需要，又净化了污水。在污水中培养繁殖的菌类、藻类和原生动物等微生物，具有很强的吸附、氧化、分解有机污染物的能力。它们对废物的处理过程中，对氧的要求不同，据此可将生化处理分为好氧处理和厌氧处理两类。好氧处理是需氧处理，厌氧处理则在无氧条件下进行。生化处理法是废水中应用最久最广且相当有效的一种方法，特别适用于处理有机污水。

### 1. 活性污泥法

活性污泥是以废水中有机污染物为培养基，在充氧曝气条件下，对各种微生物群体进行混合连续培养而成的，细菌、真菌、原生动物、后生动物等微生物及金属氢氧化物占主体的，具有凝聚、吸附、氧化、分解废水中有机污物性能的污泥状褐色絮凝物。活性污泥中至少有 50 种菌类，它们是净化功能的主体。污水中的溶解性有机物是透过细胞膜而被细菌吸收的。固体和胶体状态的有机物是先由细菌分泌的酶分解为可溶性物质，再渗入细胞而被细菌利用的。活性污泥的净化过程就是污水中的有机物质通过微生物群体的代谢作用，被分解氧化和合成新细胞的过程。人们可根据需要培养和驯化出含有不同微生物群体并具有适宜浓度的活性污泥，用于净化受不同污染物污染的水体。

### 2. 生物塘法

生物塘法，又称氧化塘法，也叫稳定塘法，是一种利用水塘中的微生物和藻类对污水和有机废水进行生物处理的方法。生物塘法的基本原理是通过水塘中的"藻菌共生系统"进行废水净化。所谓"藻菌共生系统"是指水塘中细菌分解废水的有机物产生的二氧化碳、磷酸盐、铵盐等营养物供藻类生长，藻类光合作用产生的氧气又供细菌生长，从而构成共生系统。不同深浅的塘在净化机理上不同；可分为好氧塘、兼氧塘、厌氧塘、曝气氧化塘、田塘和鱼塘。好氧塘为浅塘，整个水层处于有氧状态；兼氧塘为中深塘，上层有氧、下层厌氧；厌氧塘为深塘；除表层外绝大部分厌氧；曝气氧化塘为配备曝气机的氧化塘；田塘即种植水生植物的氧化塘；鱼塘是放养鸭、鱼等的氧化塘。

### 3. 厌氧生物处理法

厌氧生物处理法是利用兼性厌氧菌和专性厌氧菌将污水中大分子有机物降解为低分子化合物，进而转化为甲烷、二氧化碳的有机污水处理方法，分为酸性消化和碱性消化两个阶段。在酸性消化阶段，由产酸菌分泌的外酶作用，使大分子有机物变成简单的有机酸和醇类、醛类、氨、二氧化碳等。在碱性消化阶段，酸性消化的代谢产物在甲烷细菌作用下进一步分解成甲烷、二氧化碳等构成的生物气体。这种处理方法主要用于对高浓度的有机废水和粪便污水等处理。

### 4. 生物膜法

生物膜法是利用附着生长于某些固体物表面的微生物（生物膜）进行有机污水

处理的方法。生物膜是由高度密集的好氧菌、厌氧菌、兼性细菌、真菌、原生动物以及藻类等组成的生态系统，其附着的固体介质称为滤料或载体。生物膜自滤料向外可分为厌氧层、好氧层、附着水层、运动水层。生物膜法的原理：生物膜首先吸附附着水层有机物，由好氧层的好氧菌将其分解，再进入厌氧层进行厌氧分解，流动水层则将老化的生物膜冲掉以生长新的生物膜，如此往复以达到净化污水的目的。生物膜法具有以下特点：①对水量、水质、水温变动适应性强；②处理效果好并具良好硝化功能；③污泥量小（约为活性污泥法的 3/4）且易于固液分离；④动力费用省。

5. 接触氧化法

接触氧化法是一种兼有活性污泥法和生物膜法特点的一种新的废水生化处理法。这种方法的主要设备是生物接触氧化滤池。在不透气的曝气池中装有焦炭、砾石、塑料蜂窝等填料，填料被水浸没，用鼓风机在填料底部曝气充氧；空气能自下而上，夹带待处理的废水，自由通过滤料部分到达地面，空气逸走后，废水则在滤料间格自上向下返回池底。活性污泥附在填料表面，不随水流动，因生物膜直接受到上升气流的强烈搅动，不断更新，从而提高了净化效果。接触氧化法具有处理时间短、体积小、净化效果好、出水水质好而稳定、污泥不需回流也不膨胀、耗电小等优点。

# 第三节　城市污水处置与资源化

## ■ 一、城市污水处置的途径

众所周知，城市污水中含有各种有害物质，如果不加处理而任意排放，会污染环境，造成公害，必须加以妥善的控制与治理。然而，对于一个环境工程师来说，绝不能满足于排什么废水就处理什么废水，而是在解决污水去向问题时，应当考虑下面一些主要途径。

1. 改革生产工艺，减少污水排放量

在解决城市工业园污水问题时，应当首先深入到工业园区中去，与工艺人员、工人相结合，力求革新生产工艺，尽量不用水或少用水，尽量不用或少用易产生污染的原料、设备及生产方法。例如，采用无水印染工艺，可以消除印染废水的排放；

采用无氰电镀可使废水中不再含氰等，又如采用酵法制革以代替灰碱法，不仅避免产生危害大的碱性废水，而且酵法脱毛废水稍加处理，即可成为灌溉农田的肥水。因此，改革生产工艺，以减少废水的排放量和废水的浓度，减轻处理构筑物的负担和节省处理费用，是应该首先考虑的原则。

2．重复利用污水

尽量采用重复用水和循环用水系统，使污水排放量减至最少。根据不同生产工艺对水质的不同要求，可将甲工段排出的废水送往乙工段使用，实现一水二用或一水多用，即重复用水。例如，利用轻度污染的废水作为锅炉的水力排渣用水或作为焦炉的熄焦用水。

将工业园区污水经过适当处理后，送回本工段再次利用，即循环用水。例如，高炉煤气洗涤废水经沉淀、冷却后可不断循环使用，只需补充少量的水以补偿循环中的损失。城市污水经高级处理后亦可用作某些工业用水。在国外，废水的重复使用已作为一项解决环境污染和水资源贫乏的重要途径。

3．回收有用物质

城市污水中特别是工业园区的污水中含有的污染物质，都是在生产过程中进入水中的原料、半成品、成品，工作介质和能源物质。如果能将这些物质加以回收，便可变废为宝，化害为利，既防止了污染危害又创造了财富，有着广阔的前景。例如，造纸废液中回收碱、木质素和二甲基亚砜等有用物质，含酚废水用萃取法或蒸汽吹脱法回收酚等。有时还可厂际协作，变一厂废料为他厂原料，综合利用。如某纸浆厂利用染化厂的含蒽衍生物废液作为蒸煮初剂，利用印染厂废碱液替代部分蒸煮用碱，可降低成本，减小污染。

4．对污水进行妥善处理

污水经过回收利用后，可能还有一些有害物质随水流出，此外，也会有一些目前尚无回收价值的废水排出。对于这些废水，还必须从全局出发，加以妥善处理，使其无害化，不致污染水体，恶化环境。

## 二、城市污水处置程度的确定

将污水排放到水体之前需要处理到何种程度，是选择污水处理方法的重要依据。在确定处理程度时，首先应考虑如何能够防止水体受到污染，保障水环境质量，同时，也要适当考虑水体的自净能力。

通常采用有害物质、悬浮固体、溶解氧和生化需氧量这四个水质指标来确定水体的容许负荷，或废水排入水体时的容许浓度，然后再确定废水在排入水体前所需要的处理程度，并选择必要的处理方法。

具体来说，废水处理程度的确定，有以下三种方法。

**1. 按水体的水质要求**

根据水环境质量标准或其他用水标准对水体水质目标的要求，将废水处理到出水符合要求的程度。

$$E = \frac{C_i - C_0}{C_i} \times 100\%$$

式中　$E$——废水处理的程度；

$C_i$——未处理废水中某污染指标的平均浓度；

$C_0$——废水排入水体时的容许浓度。

**2. 按污水处理厂所能达到的处理程度（表1-1）**

对于城市污水来说，目前发达国家多已普及二级处理，因此，近年来各国多根据二级处理一般能达到的所谓"双30"标准（即要求城市污水厂出水悬浮固体和BOD$_5$均不超过30 mg/L）来规定应有的处理程度。表1-1为三种处理方法对生活污水或与生活污水性质相近的工业废水中悬浮固体和BOD$_5$的一般处理效果，亦可供确定处理程度时的参考。

表1-1　污水处理厂处理程度（%）

| 处理方法 | 悬浮固体 | BOD$_5$ |
|---|---|---|
| 沉淀 | 50～70 | 25～40 |
| 沉淀及生物膜法 | 70～90 | 75～95 |
| 沉淀及活性污泥法 | 85～95 | 85～95 |

**3. 考虑水体的稀释和自净能力**

当水体的环境容量潜力很大时，利用水体的稀释和自净能力，能减少处理程度，取得一定的经济上的好处，但需慎重考虑。

下面的例题可用来说明怎样确定水体的容许负荷及废水所需处理的程度。在计算时，应以不利的情况为准，并同时满足各项标准的要求。河水流量一般采用具有保证率95%的最早月平均时流量；溶解氧可采用夏季每昼夜平均含量；废水流量可采用最高时流量或平均日流量，但对于有毒废水应采用最高时流量。

**例**：某河水最早年最早月平均时流量（95%保证率）$Q$=5 m³/s（流速约为0.25 m/s），河水溶解氧含量（夏季）DO=7 mg/L。一含酚废水最大流量 $q$=100 m³/h，废水中含挥发酚浓度 $CP$=200 mg/L，废水的 BOD$_5$=450 mg/L（河水中原来没有酚）。该河段为《地表水环境质量标准》（GB 3838—2002）中规定的Ⅳ类水体。采用岸边集中排水。

①计算此废水排入河流前，废水中酚所需的处理程度；②为了满足水体中溶解氧的含量要求，估计此废水所需的处理程度。

**解：**（1）废水中酚所需处理的程度：

由于废水和河水混合前后含酚的总量应相等，所以

$$C_1 \times aQ + C \times q = (aQ+q) C_0$$

$$C = [(aQ+q) C_0 - C_1 \times aQ] / q$$

式中　$C_1$——废水排入前河水中的挥发酚浓度；

　　　$C$——允许排入河流的挥发酚浓度；

　　　$C_0$——水体中挥发酚的最大容许浓度；

　　　$a$——混合系数。

因为河水流速为 0.25 m/s，故取 $a=0.75$。河水中原来没有酚，即 $C_1=0$。由表 1-2 可查得Ⅳ类水体的挥发酚最大容许浓度 $C_0=0.01$ mg/L。代入上式后可得：

$$C = (0.75 \times 5 + 100/3\ 600) \times 0.01 / (100/3\ 600) = 1.35 \text{ mg/L}$$

**表 1-2　地面水环境质量标准**

| 分类 | Ⅰ类 | Ⅱ类 | Ⅲ类 | Ⅳ类 | Ⅴ类 |
|---|---|---|---|---|---|
| 生化需氧量（$BOD_5$）≤ | 3 以下 | 3 | 4 | 6 | 10 |
| 挥发酚≤ | 0.002 | 0.002 | 0.005 | 0.01 | 0.1 |
| 溶解氧≥ | 饱和率90%（或7.5） | 6 | 5 | 3 | 2 |

根据《污水综合排放标准》（GB 8978—1996），挥发酚的最高允许排放浓度是 0.5 mg/L。所以废水处理到 0.5 mg/L 就可以同时满足排放标准和地面水环境质量标准。于是，废水中酚所需处理的程度为：

$$E = CP - CS/CP = 200 - 0.5/200 \times 100\% = 99.75\%$$

如果计算所得的 $C < 0.5$，则上式中的 $CS$ 应采用计算所得的 $C$ 值。

（2）满足溶解氧要求所需的处理程度：影响水体中溶解氧变化的因素很多，其中主要是有机物生物氧化所消耗的氧量。本题因缺乏必要的资料，故不考虑复氧等因素而作一般的估计。

若取混合系数 $a=0.75$。查表 1-2 得Ⅳ类水体的溶解氧含量应不低于 3 mg/L，故河水中可以利用的氧量为：

$$DO_1 = (DO-3) \times aQ = (7-3) \times 0.75 \times 5 = 15 \text{ g/s}$$

废水氧化分解，并使水中溶解氧保持在 3 mg/L，假定原废水中不含溶解氧，故所需的氧量为：

$$DO_2 = q \times x_5 + q \times 3 = 100 \times x_5/3600 + 100 \times 3/3600$$

式中，$x_5$ 是允许排入河流的废水 $BOD_5$。

根据物料平衡关系，$DO_1 = DO_2$，因此

$$15 = 100 \times x_5/3600 + 100 \times 3/3600$$

$$x_5 = 537 \text{ mg/L}$$

根据《污水综合排放标准》，$BOD_5$ 的最高容许排放浓度是 60 mg/L。因此，就溶解氧来说，废水 $BOD_5$ 所需处理的程度为：

$$E = （450-60）/450 \times 100\% = 86.7\%$$

如果计算所得的 $x_5 < 60$，则计算上式时应采用计算所得的数字。

根据以上计算，应按酚的去除要求来决定该废水所需的处理程度，即应达到99.75%。

## 三、水体自净

1. 概念

水体自净能力的定义有广义和狭义两种。广义的水体自净能力是指受污染的水体经物理、化学与生物作用，使污染的浓度降低，并恢复到污染前的水平；狭义的水体自净能力是指水体中的氧化物将有机污染物分解而使水体得以净化的过程。自然环境包括水环境对污染物质都具有一定的承受能力，即所谓环境容量。水体能够在其环境容量的范围内，经过水体的物理、化学和生物的作用，使排入污染物质的浓度和毒性随着时间和空间的推移的过程中自然降低，最终使得水体得到净化。水体自净能力是水介质拥有的、在被动接受污染物之后发挥其载体功能，主动改变、调整污染物时空分布，改善水质质量，以提供水体的再续使用。因此，对水环境自净能力的科学认识和充分合理利用对水环境保护工作具有重要意义。

废水和污染物进入水体后，即开始自净过程，该过程由弱到强，直到趋于恒定。自净机制包括物理自净、化学和物理化学自净、生物和生化自净。

2. 水体自净特征

自净过程的主要特征表现如下：

①污染物浓度逐渐下降；

②一些有毒污染物可经各种物理、化学和生物作用，转变为低毒或无毒物质；

③重金属污染物以溶解态被吸附或转变为不溶性化合物，沉淀后进入底泥；

④部分复杂有机物被微生物利用和分解，变成二氧化碳和水；

⑤不稳定污染物转变成稳定的化合物；

⑥自净过程初期，水中溶解氧含量急剧下降，到达最低点后又缓慢上升，逐渐

恢复至正常水平；

⑦随着自净过程及有毒物质浓度或数量的下降，生物种类和个体数量逐渐随之回升，最终趋于正常的生物分布。

3. 自净机理

水体的自净过程很复杂，按其机理划分有如下几项。

（1）物理过程。物理过程包括稀释、混合、扩散、挥发、沉淀、淋洗等过程。水体中的污染物质在这一系列作用下，其浓度得以降低。稀释和混合作用是水环境中极普遍的现象，又是比较复杂的一项过程，它在水体自净中起着重要的作用。污染物进入水体后，通过水的流动，使污染物得到扩散、混合、稀释、挥发，改变污染物的物理性状和空间位置，使其在水体中降低浓度以至消除。而这其中的动力基础是由水体的动力要素提供的。不同的水域由于其水动力条件的不同，其自净能力有较大差异。同时，水动力要素还会与污染物在水中的生化反应进程交互影响，进而通过生化反应过程影响到水体的自净能力。因此，水动力特性对水域自净的影响是十分敏感而又复杂的。

（2）化学及物理化学过程。污染物质通过氧化、还原、化合、分解、交换、络合、吸附、凝聚、中和等反应使其浓度降低。污染物在水体中通过一系列化学变化，使污染物发生化学性质、形态、价态上的变化，从而改变污染物在水体中的迁移能力和毒性大小。如某些有机污染物经氧化还原作用后最终生成水和二氧化碳等。水中铜、铅、锌、镉、汞等重金属离子与硫离子化合，生成难溶的硫化物沉淀。铁、锰、铝的水合物、黏土矿物、腐殖酸等对重金属离子的化学吸附和凝聚作用，土壤和沉积物中的代换作用等均属环境的化学净化。影响化学净化的环境因素有酸碱度、氧化还原电势、温度和化学组分等。污染物本身的形态和化学性质对化学净化也有重大的影响。温度的升高可加速化学反应，所以，温热环境的自净能力比寒冷环境强。这在对有机质的分解方面表现得更为明显。有害的金属离子在酸性环境中有较强的活性而利于迁移；在碱性环境中易形成氢氧化物沉淀而利于净化。环境中的化学反应如生成沉淀物、水和气体则利于净化；如生成可溶盐则利于迁移。

（3）生物化学过程。污染物质中的有机物，由于水体中微生物的代谢活动而被分解、氧化并转化为无害、稳定的无机物，从而使浓度降低。悬浮和溶解于水体中的有机污染物在微生物的作用下，发生氧化分解，使其降低浓度、转化为简单、无害的无机物以至从水体中消除。微生物能够直接以金属离子为电子供体或者受体，改变重金属离子的氧化还原状态，导致其释放。释放出来的金属离子，在一定条件下，重新进行氧化、络合、吸附凝聚和共沉淀等，从而使溶解态的重金属离子浓度再度下降。因此，在释放过程中，水相存在重金属离子的浓度峰值，重金属离子的释放浓度由低逐渐升高然后再由高逐渐降低，直至达到平衡。它还可以包括生物转化和生物富集等过程。一部分有机质，可利用细胞合成，故可贮藏于活体内，细菌若在一定程度上能够繁殖，则由于变成小块而生成各种可能沉淀的形态，结果通过这种细菌的作用，也能把溶解性的污染物质，转变为可能沉淀的物质，从而变成与水分离的形态。氮、磷之类的溶解性营养盐类，通过与细菌相同的过程，便转移到浮游生物体内。如果转移为浮游生物，也有可能沉淀。冬季水温降低而浮游生物死亡时，便与水分离，终于沉积于河底。植物能吸收土壤中的酚、氰，并在体内转化为酚糖甙和氰糖甙，球衣菌可以把酚、氰分解为二氧化碳和水；绿色植物可以吸收二氧化碳，放出氧气。凤眼莲可以吸收水中的汞、镉、砷等化学污染物，从而净化水体。同生物净化有关的因素有生物的科属，环境的水热条件和供氧状况等。在温暖、湿润、养料充足、供氧良好的环境中，植物的吸收净化能力强。生物种类不同，对污染物的净化能力有很大的差异。有机污染物的净化主要依靠微生物的降解作用。如在温度为 20 ～ 40℃，pH 值为 6 ～ 9，养料充分、空气充足的条件下，需氧微生物大量繁殖，能将水中的各种有机物迅速地分解、氧化，转化成为二氧化碳、水、氨和硫酸盐、磷酸盐等。厌氧微生物在缺氧条件下，能把各种有机污染物分解成甲烷、二氧化碳和硫化氢等。在硫磺细菌的作用下，硫化氢可能转化为硫酸盐。氨在亚硝酸菌和硝酸菌的作用下，被氧化为亚硝酸盐和硝酸盐。植物对污染物的净化主要是根和叶片的吸收。在水体自净中，生物自净占有主要的地位。

4. 水体自净影响因素

影响水域自净能力的因素是多样而且十分复杂的。如水域中流速、流向、流动结构各不相同将直接对污染物迁移、扩散方向和强度带来影响。同时，水体本身的组分决定了生物和化学进程对水域自净能力的作用。如湖泊中的某些生物往往对吸收排入水体中的营养盐有明显效果，但这些生物过多，又会导致水体中溶解氧的大量减少，反过来造成水体中的生态破坏。另外，如果该水域的水动力特性很活跃，如向外域的迁移、扩散能力强，或浅水湖泊中的风力对水体的强烈扰动等又会增加水体中的溶解氧，对增加水域的自净能力有益。在水域床底长期积累的底质污泥，即内源污染积累对水域的自净能力也有不可忽视的间接影响。例如，在浅水水域中受风的扰动造成波浪掀沙，吸附在沙粒中的污染物就会随之对水体造成二次污染等。总之，物理的、生物的、化学的，或直接的、间接的各种因素对水域自净能力的影响是交互作用的复杂过程。而水动力特性在其中起着不可忽视的重要作用。影响水体自净过程的因素很多，其中主要因素有：收纳水体的地理、水文条件、微生物的种类与数量、水温、复氧能力以及水体和污染物的组成、污染物浓度等。当然，水体的自净往往还需要一定的时间和条件。

总之，水体的自净作用包含着十分广泛的内容，任何水体的自净作用又常是相互交织在一起的，物理过程、化学和物化过程及生物化学过程常常是同时同地产生，相互影响，其中常以生物自净过程为主，生物体在水体自净作用中是最活跃、最积极的因素。水的自净能力与水体的水量、流速等因素有关。水量大、流速快，水的自净能力就强。但是，水对有机氯农药、合成洗涤剂、多氯联苯等物质以及其他难以降解的有机化合物、重金属、放射性物质等的自净能力是极其有限的。

5. 水体自净表现形式

由于地形、地貌和水文条件等的差异，不同的水域呈现出不同的水动力特征，表现出不同的自净特点。对同一水域而言，依照不同的环境功能区划，其自净能力也各不相同。水域的动力特性是影响水域自净能力的直接的、重要的因素之一。

河道径流型的水域，其水流的主体流动方向是单向的。污染物排入水域后，总体趋势是随水流从上游向下游迁移，同时在空间上扩散沉降。污染物在空间的扩散强度与流速的大小及梯度也有直接关系。随着河道中横向流速强度的不同，河道中污染带的宽度及其分布形式也会有所不同。污染物进入河流后，有机物在微生物作用下，进行氧化降解，逐渐被分解，最后变为无机物。随着有机物被降解，细菌经历着生长繁殖和死亡的过程。当有机物被去除后，河水水质改善，河流中的其他生物也逐渐重新出现，生态系统最后得到恢复。由此可见，河流自然净化的关键是有机物的好氧生物降解过程。

湖泊水库环流型的水域，流动结构主要是以平面和立面环流的形式存在。对浅水型水域内的环流，其主要的外界驱动力是风。而对深水的水库和湖泊而言，除风之外，温度梯度及其变化往往也是形成立面环流的主要因素。由于该类水域相对而言与域外的交换较少（汛期等特殊情况除外），水域纳污之后污染物主要仍在域内滞留，尤其是进入环流区的污染物，往往不易被水流带走。另外，该类水域的流速一般较小，使污染物在该类水域内的扩散作用相对加强，与外域的交换相对减弱。对湖泊环流型水域而言，自净能力主要是体现在域内的迁移转化。湖泊水库水体的自净过程主要是水体中微生物与污染物质的作用过程，将污染物质还原为无机态，为生态系统的循环生长提供营养，同时保持水体的洁净。在湖泊，经常有大量水源贮留，即使有污水流入，也可以想象会充分受到稀释。事实上果真如此吗？现在，假定一定量污水在一定时间范围内被排进湖中，这就好比向盛满水的玻璃杯滴入一滴墨水，假如加以搅拌，只要玻璃杯装水量多，便可以充分稀释。但是在污水连续排进湖中的情况下，湖水与污水逐渐混合，最后，整个湖水便为污水所充满，因此，稀释效果便等于零。但实际上并非如此，在一般的湖泊中，在排进污水的同时，在其他地方，也有小溪的清水流入，所以，湖泊污水由于有这种小溪的清水流入而得到稀释。

河口海湾感潮型的水域，水体的流动方向往复变化，污染物在该类型水域中随着流向的不同而迁移转换。在该类型水域中，余流的强度和方向是确定污染物最终迁移方向的因素，因而对该类水域而言，自净能力主要是体现在与域外水体的交换能力上。

自然状态下的不同水域，因其物理的、生物的、化学的条件不同，其自净能力也各不相同。对排污口进行科学选址，并因地制宜地对排污量实施控制，是科学利用自然状态下水域的自净能力的重要内容。以河道径流型水域为例，虽然在此类水域中水流的主要流向指向下游，但各断面的流速分布是不均匀的，沿空间方向的流速梯度也不相同，因而在不同的部位安排排污口，其污染带的范围及向域外迁移扩散的效果必不相同。极端情况下，若将排污口安排在有局部环流存在的区域，则该部分水域的水质会很快被破坏，即它的自净能力会远低于直接将污染物排放到流速大且方向单一的部位（当然，作为一条河流，应当从整体上对上下游的水环境区划进行安排，并认清不同水域间的交换特性，兼顾上下游的利益）。在我国许多热电站和核电站的建设前期，都要对承纳热、核排放的水域进行审慎研究，在选址时尽可能地避开水动力交换弱、自净能力差的区域。不少热电站设计时还经常利用流速沿垂向分布的不同及浮力流的特性，合理安排取、排水口的高程和部位，达到科学利用自然状态下的水域的自净能力的目的。

# 第四节　城市污泥的来源及特性

## 一、城市污泥的来源与分类

### 1. 城市污泥的来源

城市污水处理目前常用的方法有物理法、化学法、物理化学法和生物法。但无论哪种方法都或多或少会产生沉淀物、颗粒物和漂浮物等，统称为城市污泥。虽然产生的污泥体积比处理废水体积小得多，如活性污泥法处理废水时，剩余活性污泥体积通常只占到处理废水体积 1% 以下，但污泥处理设施的投资却占到总投资的

30%～40%，甚至超过50%。因此，无论从污染物净化的完善程度，废水处理技术开发中的重要性及投资比例，污泥处理占有十分重要的地位。

2．城市污泥的分类

污泥一般指介于液体和固体之间的浓稠物，可以用泵输送，但它很难通过沉降进行固液分离。悬浮物浓度一般在1%～10%，低于此浓度常称为泥浆。

（1）按亲水和疏水性性质分类。污泥按亲水和疏水性其种类可见表1-3。

表1-3　污泥的分类

| 类别 | 来源 | 出处 | 组分 |
|---|---|---|---|
| 亲水性有机污泥 | （1）生活污水；<br>（2）食品工业废水；<br>（3）印染工业废水 | 初次沉淀池<br>初次沉淀池＋厌氧消化<br>初次沉淀池＋生化处理<br>初次沉淀池＋生化处理＋厌氧消化 | 挥发性物质30%～90%<br>蛋白质病原微生物<br>植物及动物废物<br>动物脂肪<br>金属氢氧化物<br>其他碳氢化合物 |
| 亲水性无机污泥 | （1）金属加工工业废水；<br>（2）无机化工工业废水；<br>（3）染料工业废水；<br>（4）其他工业废水 | 物理和化学法处理<br>中和法处理 | 金属氢氧化物<br>挥发性物质约30%<br>动物脂肪和少量其他有机物 |
| 疏水性含油污泥 | 钢铁加工工业废水 | 初次沉淀池 | 大多数氧化铁，矿物油和油脂 |
| 疏水性无机污泥 | 钢铁工业等废水 | 中和池<br>混凝沉淀池<br>初次沉淀池 | 大部分为疏水性物质<br>亲水性氢氧化物＜5%<br>挥发性物质＜5% |
| 纤维性污泥 | 造纸工业废水 | 初次沉淀池<br>混凝沉淀池<br>生化处理 | 赛璐珞纤维<br>亲水性氢氧化物<br>生化处理构筑物中的挥发性物质 |

由于污泥的来源及水处理方法不同，产生的污泥性质不一，因此，目前划分污泥分类常采用以下方法。

（2）按处理方法分类。

①筛屑物：系指经格筛截留的固体物，称筛屑物，其数量的变化，取决于废水的特性和筛网孔眼尺寸。筛屑是湿的，若暂时堆放，有水从中排出，但仍不能减小运输这些筛屑物的体积。筛屑物较易处置，可直接运填埋场地消纳。

②初沉淀污泥：系指初级处理中来自沉淀底部的污泥；漂浮物则来自沉淀池顶部。若为浮选池，浮渣是来自浮选池的顶部。污泥特性随污水的成分而有变化。

浮选池的浮渣，通常含总固体浓度为 4% ～ 6%，可用泵输送。来自初次沉淀池底部的污泥，则很难用泵输送。污泥浓度根据所加工的原料而变化。例如，加工马铃薯和番茄时，由于带有田间的污秽固体浓度可能达到 40%，这时只能用特定的活塞泵输送。

③腐殖污泥与剩余活性污泥：系指二级生物处理中产生的污泥。生物膜法后的二沉池中沉淀物称腐殖污泥，扣除回流的部分活性污泥，剩余部分则称剩余活性污泥。

④消化污泥：初沉淀污泥、腐殖污泥与剩余活性污泥经消化处理后，成为消化污泥或熟污泥。

⑤深度处理污泥：系指经深度处理（或三级处理）产生的污泥，通常称为化学污泥。其污泥量根据处理能力所采用的混凝剂而定。

石灰污泥大约含 7% 的固体，能用真空过滤或采用离心机能较好的脱水。输送石灰污泥的管道应该加大尺寸，这是考虑到在管内的结垢和日后的清除；铝盐污泥十分轻并呈凝胶状、脱水困难；三氯化铁污泥脱水较易，但很脏，通常可用真空过滤脱水。在正常情况下，三级化学澄清池的污泥中含有机物很少，除非二级生物处理装置受到干扰，才需要进一步稳定污泥以防止腐化。

## 二、污泥的性质指标

正确把握污泥的性质是科学合理地处理处置和利用污泥的先决条件，只有根据污泥的性质指标才能正确选择有效的处理工艺和合适的处理设备及资源化的趋向。因此，表征污泥性质的指标越精确，取得的效益越显著。通常需要对污泥的下述性质指标进行分析测定。

### 1. 污泥的含水率和固体含量

单位质量污泥所含水分的质量百分数称为含水率，相应的固体物质在污泥中所含的质量百分数，称为含固量（%）。污泥的含水率一般都很高，而含固量很低，例如，城市污水厂初沉污泥含固量在 2% ～ 4%，而剩余活性污泥含固量在 0.5% ～ 0.8%，密度接近 1 g/cm³。一般来说，固体颗粒越小，其所含有机物越多，污泥的含水率越高。

### 2. 污泥的脱水性能

表 1-4 列出了几种代表性污泥的含水率，由表 1-4 可知，一般污泥的含水率都比较高，体积大，不利于污泥的贮存、输送、处理及利用，必须对污泥进行脱水处理。如 1 m³ 含水率 95% 的生活污水污泥，其体积约 1000 L，若脱水后含水率降低10%，则其体积减小 2/3；含水率降低 30%，其体积则减少 6/7。但是，不同性质的

污泥脱水的难易程度差别很大，应根据其脱水性能，选择合适的方法，才能取得良好的效果。因此，测定污泥的脱水性能，对选择脱水方法具有重要的意义。

表 1-4　代表性污泥的含水率

| 名称 | 含水率（%） |
|---|---|
| 初沉污泥 | 95 |
| 混凝污泥 | 93 |
| 活性污泥 | — |
| 空气曝气 | 98～99 |
| 纯氧曝气 | 96～98 |
| 生物滴滤池污泥 | — |
| 慢速滤池 | 93 |
| 快速滤池 | 97 |
| 厌氧消化污泥 | — |
| 初沉污泥 | 85～90 |
| 活性污泥 | 90～94 |

**3. 污泥的理化性质**

污泥的理化性质主要包括有机物（挥发性）和无机物（灰分）的含量、植物养分含量、有害物质（重金属）含量、热值等。

表 1-5 列举了国内外城市污水厂污泥的有机物含量。由表 1-5 的数据可知，我国污泥中的有机物含量为 50%～70%，低于发达国家（60%～80%）；如日本加药脱水污泥的平均有机物含量为 75.4%。

表 1-5　污泥中有机物的含量（%）

| 项目 | 初沉污泥 | | 剩余污泥 | |
|---|---|---|---|---|
| | 中国 | 美国 | 中国 | 美国 |
| 总固体 | 3.2～7.8 | 2.0～8.0 | 1.4～2.0 | 0.83～1.2 |
| 挥发性固体 | 49.9～51.6 | 60～80 | 67.7～74.0 | 59～88 |
| 脂肪 | 10 | 7～35 | 6.4 | 5～12 |
| 蛋白质 | 13.8 | 20～30 | 38.2 | 32～41 |
| 碳化水合物 | 26.1 | 8～15 | 23.2 | — |

注：上述数据来源于上海和天津两地污水厂。

**4. 污泥的安全性**

随着城市的发展和废水污水治理的实施，污泥的成分越来越复杂，污泥最终处置前进行安全性试验和评价显得十分重要。污泥中含有大量细菌及各种寄生虫卵，为了防止应用过程中传染疾病，必须对污泥进行寄生虫卵的检查。作农肥使用的污泥要根据《农用污泥污染物控制标准》（GB 4284—2018）分析其中的重金属和有毒有害成分。即使进行填埋的污泥也必须按照有关法规和标准进行各种安全性评价。

# 第五节　城市污泥处理技术概述

## ■ 一、污泥中水分的存在形式及其分离性能

污泥中所含水分形态，尽管不同的文献有不同的分类，但一般都认为有四种形态，即表面吸附水、间隙水、毛细结合水和内部结合水。毛细结合水又可分为裂隙水、空隙水和楔形水。图 1-3 为污泥颗粒与水分形态示意图。

表面吸附水
毛细结合水（裂隙水）
固体颗粒
毛细结合水（空隙水）
间隙水
毛细结合水（楔形水）
内部结合水

图 1-3　污泥中水分的存在形态

### 1. 表面吸附水

污泥属于凝胶，是由絮状的胶体颗粒集合而成。污泥的胶体颗粒很小，与其体积相比表面积很大，由于表面张力的作用吸附的水分也就很多。胶体颗粒全部带有相同性质的电荷，相互排斥，妨碍颗粒的聚集长大，而保持稳定状态，因而，表面吸附水用普通的浓缩或脱水方法去除比较困难。只有加入能起混凝作用的电解质，使胶体颗粒的电荷得到中和后，颗粒呈不稳定状态，黏附在一起，最后沉降下来。颗粒增大后其比表面积减小，表面张力随之降低，表面吸附水也随之从胶体颗粒上脱离。污泥胶体颗粒一般带负电荷，因此，应加入带正电荷的电解质离子。刚好中和胶体电荷的中性点成为等电点。一到等电点，其同性电荷的相斥作用立即停止，小颗粒胶体开始聚集、收缩，其容积减小。电解质的加入量不足或过量，达不到等

电点，凝聚效果差，浓缩或脱水效果也不好。

**2．间隙水**

间隙水是指大小污泥颗粒包围着的游离水分，它并不与固体直接结合，因而很容易分离，只需在浓缩池中控制适当的停留时间，利用重力作用，就能将其分离出来。间隙水一般要占污泥总含水量的 65% ~ 85%，这部分水是污泥浓缩的主要对象。

**3．毛细结合水**

将一根直径细小的管子插入水中，在表面张力的作用下，水在管内上升使水面达到一定的高度，这一现象叫毛细现象。水在管内上升的高度与管子半径成反比，就是说管子半径越小，毛细力越大，上升高度越高，毛细结合水就越多。污泥由高度密集的细小固体颗粒组成，在固体颗粒接触表面上，由于毛细力的作用，形成毛细结合水，这种结合水称为楔形毛细结合水；固体颗粒自身裂隙中的毛细水，称为裂隙毛细结合水；固体颗粒和颗粒之间空隙的毛细水，称为间隙毛细水。各类毛细结合水约占污泥总含水量的 15% ~ 25%。浓缩作用不能将毛细结合水分离，如果将固体颗粒间充满水分的污泥柱浸入水中，间隙水由于重力作用从上部开始流动，一直保持不变。因此，要分离毛细结合水，需要较高的机械作用力和能量，如真空过滤、压力过滤和离心分离才能去除这部分水分。

**4．内部结合水**

内部结合水是指包含在污泥中微生物细胞体内的水分。它的含量多少与污泥中微生物细胞体所占比例有关。一般初沉污泥内部结合水较少，二沉污泥中内部结合水较多。这种内部结合水与固体结合得很紧密，使用机械方法去除这部分水是行不通的。要去除这部分水分，必须破坏细胞膜，使细胞液渗出，由内部结合水变为外部液体。为了除去这些内部结合水，可以通过好氧菌或厌氧菌的作用进行生物分解，如好氧消化、堆肥、厌氧消化等，或采用高温加热和冷冻等措施。内部结合水的量不多，内部结合水和表面吸附水一起只占污泥总含水量的 10% 左右。

## ■ 二、污泥处理方法

污泥常用的污泥处理方法有浓缩、调理、消化、脱水和干燥。

**1．污泥浓缩**

根据主要单元装置的不同可分为重力浓缩、气浮浓缩和离心浓缩。

重力浓缩是应用最广泛和最简便的一种浓缩方法。它又可分为连续式重力浓缩池和间歇式重力浓缩池，前者用于大中型污水厂，后者用于小型污水厂。

气浮浓缩与重力浓缩相反，是依靠大量微小气泡附着在污泥颗粒的周围，减小颗粒的密度而强制上浮。因此，气浮法对比重接近于 1 的污泥尤其适用。气浮到水面的污泥用刮泥机刮除。澄清水从池底排除，一部分水加压回流，混入压缩空气，通过溶气罐，供给所需要的微气泡。

离心浓缩的原理是利用污泥中固液比重不同，所具有的不同离心力进行浓缩。它占地面积小，造价低，但运行费用与机械维修费较高。

2. 污泥调理

污泥中的固体物主要为胶质，有复杂的结构，与水的亲和力很强，含水率很高，一般为 96% ～ 99%，浓缩后含水率仍然高达 85% ～ 90%，甚至更高。为了提高污泥浓缩和脱水效率，需要采用多种方法，改变污泥的理化性质，减小与水的亲和力，通过调整固体粒子群性质及其排列状态，使凝聚力增强，颗粒变大。这样的预处理操作被称为调质（或调理）。它是污泥浓缩和脱水过程中不可缺少的工艺过程。污泥中的固体物主要为胶质，有复杂的结构，与水的亲和力很强，含水率很高，一般为 96% ～ 99%，浓缩后含水率仍然高达 85% ～ 90%，甚至更高。为了提高污泥浓缩和脱水效率，需要采用多种方法，改变污泥的理化性质，减小与水的亲和力，通过调整固体粒子群性质及其排列状态，使凝聚力增强，颗粒变大。这样的预处理操作叫作调质（或调理）。它是污泥浓缩和脱水过程中不可缺少的工艺过程。

3. 污泥消化

污泥的消化是一个生物化学过程，主要依靠微生物对有机物的分解作用。污泥的消化处理是稳定污泥的有效方法。按作用的细菌种类的不同，可分为厌氧消化法和好氧消化法。厌氧消化法是污泥中的有机物在无氧的条件下被分解为甲烷和二氧化碳，主要处理对象为初次沉淀污泥，剩余活性污泥以及高浓度的生产污水，特别对那些生化需氧量极高，在缺氧的条件下易于分解的生产污水，非常有效；好氧消化法即对活性污泥进行长时间的曝气，使细菌体内进行内源代谢。

影响厌氧消化的主要因素是温度，其他还有污泥投配率、营养与碳氮比、酸碱度、有毒物质含量等。

4. 污泥脱水

污泥经浓缩处理后，含水率为 95% ～ 97%，体积还很大，仍可用管道运输。为了满足卫生标准、综合利用或进一步处置的要求，可对污泥进行干化和脱水。污泥干化与脱水，主要有自然干化、机械脱水和热处理法。污泥脱水是依靠过滤介质（多孔性物质）两面的压力差为推动力，使水分强制通过过滤介质，固体颗粒被截留在介质上，达到脱水的目的。造成压力差的方法有：

（1）依靠污泥本身厚度的静压力（如污泥自然干化场的渗透脱水）；

（2）在过滤介质的一面造成负压（如真空过滤脱水）；

（3）加压污泥把水分压过过滤介质（如压滤脱水）；

（4）造成离心力作为脱水的推动力（如离心脱水）。

真空过滤是目前使用最广泛的一种机械脱水方法。它的优点是能连续生产，操作平稳，可实现自动化，适应于各种污泥的脱水；缺点是脱水前必须预处理，附属设备多，工序较复杂，运行费用高。

5. 污泥干燥

污泥经过自然干化或机械脱水后，尚有 45% ～ 85% 的含水率，体积与质量仍很大，可采用干燥的方法进一步脱水干化。干燥的对象是毛细管水、吸附水和颗粒内部水。经干燥后，含水率可降至 10% 左右。

根据干燥介质（灼热气体）和污泥流动相对方向的不同，污泥干燥设备可分为并流、逆流和错流三种。并流干燥中，污泥与干燥介质的流动方向一致，干燥快，温度低，热损失少，但由于推动力不断降低，影响生产率；逆流干燥中，污泥与干燥介质移动方向相反，推动力较为均匀，速度快，干燥程度高，但热损失大；错流干燥中，污泥移动方向与干燥介质流动方向垂直，干燥推动力均匀，可克服并流或逆流干燥中的缺点，但其构造比较复杂。在污泥干燥中，上述三种都使用，但最常用的是并流和错流两种。

# 第六节　城市污泥的处置及资源化

## 一、城市污泥处理处置的一般原则

污泥的处理处置与其他固体废物的处理处置一样，都应遵循减量化、稳定化、无害化的原则。为达到此目的，通过各种装置的组合，构成种种污泥处理处置的工艺。

1. 减量化

污泥的含水率高，一般大于 95%，体积很大，不利于贮存、运输和消纳，减量化十分重要。经浓缩后，含水率均在 85% 以上，可用泵输送污泥；含水率为70% ～ 75% 的污泥呈柔软状；60% ～ 65% 的污泥几乎成为固体状态；34% ～ 40%

时已成可离散状态；10% ～ 15% 的污泥则成粉末状的减量化程度。

2．稳定化

污泥中有机物含量 60% ～ 70%，会发生厌氧降解，极易腐败并产生恶臭。因此，需要采用生物好氧或厌氧消化工艺，使污泥中的有机组分转化成稳定的最终产物；也可添加化学药剂，终止污泥中的微生物的活性来稳定污泥，如投加石灰，提高 pH 值，即可实现对微生物的抑制。pH 值在 11.0 ～ 12.2 时可使污泥稳定，同时还能杀灭污泥中病原体微生物。但化学稳定法不能使污泥长期稳定，因为若将处理过的污泥长期存放，污泥的 pH 值会逐渐下降，微生物逐渐恢复活性，使污泥失去稳定性。

3．无害化

污泥中，尤其是初沉污泥中，含有大量病原菌、寄生虫卵及病毒，易造成传染病大面积传播。肠道病原菌可随粪便排出体外，并进入废水处理系统，感染个体排泄出的粪便中病毒多达 $10^6$ 个 /g。实验室研究表明，加到污泥悬浮液中的病毒能与活性污泥絮体结合，因而，在水相中残留的相当少。此外，污泥中还含有多种重金属离子和有毒有害的有机物，这些物质可从污泥中渗滤出来或挥发，污染水体和空气，造成二次污染。因此，污泥处理处置过程必须充分考虑无害化的原则。

污泥处理处置时应将各种因子结合起来，综合考虑，杜绝不确定因素对环境可能造成的冲击和意想不到的污染物在不同介质之间的转移，对环境整体而言，要具有安全性和可持续性。

## ▌二、城市污泥处理处置的基本工艺流程

城市污泥处理处置的方法很多，但最终目的是实现减量化、稳定化和无害化。污泥处理处置的基本工艺流程可分为以下几类：

（1）浓缩→前处理→脱水→好氧消化→土地还原；

（2）浓缩→前处理→脱水→干燥→土地还原；

（3）浓缩→前处理→脱水→焚烧（或热分解）→灰分填埋；

（4）浓缩→前处理→脱水→干燥→熔融烧结→做建材；

（5）浓缩→前处理→脱水→干燥→做燃料；

（6）浓缩→厌氧消化→前处理→脱水→土地还原；

（7）浓缩→蒸发干燥→做燃料；

（8）浓缩→湿法氧化→脱水→填埋。

决定污泥处理工艺时，不仅要从环境效益、社会效益和经济效益全面权衡，还要对各种处理工艺进行探讨和评价，根据实际情况进行选定。欧洲各国的污泥产生

量和处置方法列于表1-6。

表1-6　欧洲各国的污泥产生量和处置方法（%）

| 项目 | 农用 | 填埋 | 焚烧 | 海洋投弃 | 污泥总量（×10⁴ t 干污泥 /a） |
| --- | --- | --- | --- | --- | --- |
| 奥地利 | 28 | 35 | 37 | — | 25 |
| 比利时 | 57 | 43 | | — | 3.5 |
| 丹麦 | 43 | 29 | 28 | — | 15 |
| 法国 | 27 | 53 | 20 | — | 90 |
| 德国 | 25 | 65 | 10 | — | 275 |
| 希腊 | 10 | 90 | | — | 20 |
| 爱尔兰 | 23 | 34 | — | 43 | 2.3 |
| 意大利 | 34 | 55 | 11 | | 80 |
| 卢森堡 | 80 | 20 | | — | 1.5 |
| 荷兰 | 53 | 29 | 10 | 8 | 28 |
| 葡萄牙 | 80 | 12 | | 8 | 20 |
| 西班牙 | 61 | 10 | — | 29 | 30 |
| 瑞典 | 60 | 40 | — | — | 18 |
| 瑞士 | 50 | 30 | 20 | — | 25 |
| 英国 | 51 | 16 | 5 | 28 | 150 |

## 三、城市污泥资源化 . 的发展趋势

目前城市污泥处理处置的技术在发生变化，由于土地及劳力费上涨，城市污泥采用机械脱水的趋势虽然仍在发展，且污泥焚烧因其减量化明显，有了长足发展，但因其耗能阻碍了该技术的进一步推广，因此，城市污泥目前的发展趋势是从原来单纯处理处置逐渐向污泥有效利用、实现资源化方向发展。

城市污泥的堆肥化就是资源化的途径之一，城市污泥富含微生物生活繁殖所需的有机营养成分，是一种理想的堆肥原料。城市污水污泥首先必须经脱水达到20%～40%的含固率，同时还应为维持好氧条件加入膨松剂，以使所有的污泥供料都能均等地与空气接触。目前经常使用的膨松剂是木材，另外具有发展潜力的膨松剂是粉碎后的轮胎。微生物堆肥过程中产生的热量，有利于多余水分的蒸发，经试验表明，经过堆肥，76%的最初污泥含水率可降至22%左右。

此外，利用城市污泥的比表面积较大的优势，还开发了污泥资源化做活性吸附材料的研究。如将污泥隔绝空气，在还原气氛下加热，使污泥中20%左右的有机物

质炭化，这种炭化污泥类似于木炭，具有以下特征：密度小，质量轻；孔隙多，比表面积大；润湿时可吸附污泥体积30%～40%的水分；良好的脱色除臭性能；富含热值；适合微生物在其表面生长等优势。

目前炭化污泥已用作土壤改良剂，提高农作物产量；用作污泥脱水助剂，改善污泥脱水性能以及用作废水脱水除臭剂等。根据世界各国污泥处理技术发展的趋势和我国相关政策导向，资源化必将成为未来污泥处理的主流。

# 第二章 城市污水的预处理

城市污水中含有相当数量的漂浮物和悬浮物质，通过物理方法去除这些污染物的方法称为一级处理，又称为物理处理或预处理。

在实际工作中应根据不同的情况，采取不同的截留方法，将格栅、沉砂池、沉淀池等进行组合，以适应城市污水处理需求。近年来，又发展了强化一级处理工艺，通过投加混凝剂以强化一级处理效果，提高处理水平。下面对一级处理的各个单元进行介绍。

## 第一节 格 栅

格栅是由一组平行的金属或非金属材料的栅条制成的框架，斜或垂直置于污水流经的渠道上，用以截阻大块呈悬浮或漂浮状的污染物（垃圾）。

格栅设计的主要参数是确定栅条间隙宽度，栅条间隙宽度与处理规模、污水的性质及后续设备有关，一般以不堵塞水泵和处理设备，保证整个污水处理厂系统正常运行为原则。多数情况下污水处理厂设置两道格栅，第一道格栅间隙较粗，设置在提升泵前面；第二道格栅间隙较细一些，一般设置在污水处理构筑物前。

### 一、格栅的分类

（1）按形状，格栅可分为平面格栅和曲面格栅。平面格栅由栅条与框架组成，曲面格栅可分为固定曲面格栅与旋转鼓筒式格栅两种。

（2）按栅条净间隙，格栅可分为粗格栅（50～100 mm）、中格栅（10～40 mm）、细格栅（3～10 mm）。粗格栅通常斜置在其他构筑物之前，如沉砂池，或者泵站等机械设备，因此，粗格栅起着废水预处理和保护设备的双重作用。细格栅可以有多个放置地点，可放置在粗格栅后作为预处理设施，也可替代初沉池作为一级处理单元，或者置于初沉池后，用来处理初沉池的出水，还可以用来处理合流制排水的溢流水。

（3）按清渣方式，格栅可分为人工清渣格栅和机械清渣格栅。人工清理的格栅：中小型城市的生活污水处理厂或所需截留的污染物量较少时，可采用人工清理的格栅。这类格栅是用直钢条制成，一般与水平成 50°～ 60°倾角安放，这样可以增加有效格栅面积 40%～ 80%，而且便于清除污物，防止因为堵塞而造成过高的水头损失。

机械清渣的格栅：当每日栅渣量大于 0.2 m³ 时，应采用机械清渣格栅，倾角一般为 60°～ 70°，有时为 90°。

图 2-1 为带溢流旁通道的人工清理格栅示意图；图 2-2 为链条式格栅除渣机示意图。

图 2-1  带溢流旁通道的人工清理格栅

图 2-2  链条式格栅除渣机示意图

1—电动机；2—减速器；3—主动链轮；4—传动链条；5—从动链轮；6—张紧轮；

7—导向轮；8—格栅；9—齿耙；10—导向轮；11—除污链条

## 二、格栅设计过程中注意事项

（1）栅条间距。水泵前格栅栅条间距按污水泵型号选定，当采用 PW 型或 PWL 型污水泵时，格栅的栅条间距和污水泵型号参见表 2-1。

表 2-1　污水泵型号与栅条间距

| 水泵型号 | 栅条距离（mm） |
| --- | --- |
| $2\frac{1}{2}$ PW，$2\frac{1}{2}$ PWL | ≤ 20 |
| 4PW，4PWL | ≤ 40 |
| 6PWL | ≤ 70 |
| 8PWL | ≤ 90 |
| 10PWL | ≤ 110 |
| 12PWL | ≤ 150 |

（2）若在处理系统前。格栅栅条净间隙还应符合下列要求：

①人工清渣：25 ～ 100 mm。

②机械清渣：16 ～ 100 mm。

③最大间距：100 mm。

④栅条间距与截污物数量的关系见表 2-2。

表 2-2　栅条间距与截污物数量的关系

| 栅条距离（mm） | 栅渣（m³/10³ m³ 污水） |
| --- | --- |
| 16 ～ 25 | 0.10 ～ 0.05 |
| 30 ～ 50 | 0.03 ～ 0.01 |

（3）清渣方式：大型格栅（每日栅渣量大于 0.2 m³）应用机械清渣。

（4）含水率、容重：栅渣的含水率按 80% 计算，密度约为 960 kg/m³。

（5）过栅流速：过栅流速一般采用 0.6 ～ 1.0 m/s。

（6）栅前渠内流速一般采用 0.4 ～ 0.9 m/s。

（7）过栅水头损失一般采用 0.08 ～ 0.15 m。

（8）格栅倾角一般采用 45°～ 75°，一般机械清污时 ≥ 70°，特殊情况也有 90°垂直格栅，人工清污时 ≤ 60°。

（9）机械格栅不宜少于 2 台。

（10）格栅间需设置工作台，台面应高出栅前最高设计水位 0.5 m；工作台两侧过道宽度不小于 0.7 m；工作台面的宽度为：人工清渣不小于 1.2 m，机械清渣不小于 1.5 m。

## 三、格栅的计算公式

格栅的设计内容包括尺寸计算、水力计算、栅渣量以及清渣机械的选用等，格栅计算图如图 2-3 所示。

图 2-3　格栅计算图

（1）栅槽宽度：

$$B=S（n-1）+en$$

$$n = \frac{Q_{\max}\sqrt{\sin\alpha}}{ehv}$$

式中　$B$——栅槽宽度，m；

$S$——栅条宽度，可参考表 2-2，m；

$e$——栅条净间隙，粗格栅 $e$=50 ～ 100 mm，中格栅 $e$=10 ～ 40 mm，细格栅 $e$=3 ～ 10 mm；

$n$——格栅间隙数；

$Q_{\max}$——最大设计流量，m³/s；

$\alpha$——格栅倾角，°；

$h$——栅前水深，m；

$v$——过栅流速，m/s。

（2）过栅水头损失：

$$h_1=kh_0$$

$$h_0 = \xi\frac{v^2}{2g}\sin\alpha$$

式中　$h_1$——过栅水头损失，为避免造成栅前涌水，故一般将栅后槽底下降 $h_1$ 作为补偿，m；

$h_0$——计算水头损失，m；

$g$——重力加速度，取 9.81 m/s²；

$k$——系数，格栅受污物堵塞后导致水头损失增大而引入的系数，一般取 3；

$\xi$——阻力系数，其大小与栅条截面形状有关，可参考表 2-3。

表 2-3  阻力系数 $\xi$ 的计算公式

| 截面形状 | | 公式 | 说明 |
|---|---|---|---|
| 圆形 | | $\xi = \beta\left(\dfrac{S}{e}\right)^{4/3}$ | $\beta=1.79$ |
| 矩形 | 规则的矩形 | | $\beta=2.42$ |
| | 带半圆的矩形 | | $\beta=1.83$ |
| | 两头半圆的矩形 | | $\beta=1.67$ |
| 正方形 | | $\xi = \left(\dfrac{b+s}{\varepsilon b}-1\right)^2$ | 收缩系数 $\varepsilon=1.79$ |

（3）栅槽总高度：

$$H=h+h_1+h_2$$

式中   $H$——栅前总高度，m；

$h_2$——栅前渠道超高，m，一般用 0.3 m。

（4）栅槽总长度：

$$L=l_1+l_2+1.0+0.5+\frac{H_1}{\tan\alpha}$$

$$l_1=\frac{B-B_1}{2\tan\alpha_1}$$

$$l_2=\frac{l_1}{2}$$

$$H_1=h+h_2$$

式中   $L$——栅前总高度，m；

$H_1$——栅前槽高，m；

$l_1$——进水渠道渐宽部分长度，m；

$B_1$——进水渠道宽度，m；

$\alpha_1$——进水渠展开角，一般用 20°；

$l_2$——栅槽与出水渠连接处渐缩部分的长度，m。

（5）每日栅渣量计算：

$$W \frac{Q_{\max}W_1\times86400}{K_z\times1000}$$

式中   $W$——每日残渣量，m³/d；

$W_1$——栅渣量，m³/（10³ m³ 污水），取值可参考表 2-2，粗格栅宜用小值，细格栅宜用大值；

$K_z$——生活污水流量总变化系数，见表2-4。

**表2-4　生活污水量总变化系数 $K_z$**

| 平均日流量（L/s） | 4 | 6 | 10 | 15 | 25 | 40 | 70 | 120 | 200 | 400 | 750 | 1600 |
|---|---|---|---|---|---|---|---|---|---|---|---|---|
| $K_z$ | 2.3 | 2.2 | 2.1 | 2.0 | 1.89 | 1.80 | 1.69 | 0.59 | 1.51 | 1.40 | 1.30 | 1.20 |

# 第二节　水量水质调节技术

工业废水与城市污水的水量、水质都是随着时间而不断变化的，有高峰流量、低峰流量，也有高峰浓度和低峰浓度。流量和浓度的不均匀往往给处理设备带来很多困难，或者无法保证其在最优的工艺条件下运行。为了改善废水处理设备的工作条件，在很多情况下需要对水量进行调节、水质进行调和。

调节的目的是减小和控制污水水量、水质的波动，为后续处理（特别是生物处理）提供最佳运行条件。调节池的大小和形式随污水水量及来水变化情况而不同。调节池池容应足够大，以便能消除因厂内生产过程的变化而引起的污水增减，并能容纳间歇生产中的定期集中排水。水质和水量的调节技术主要用于工业污水处理流程。

工业污水处理进行调节的目的是：

（1）适当缓冲有机物的波动以避免生物处理系统的冲击负荷；

（2）适当控制 pH 值或减小中和需要的化学药剂投加量；

（3）当工厂间断排水时还能保证生物处理系统的连续进水；

（4）控制工业污水均匀向城市下水道的排放；

（5）避免高浓度有毒物质进入生物处理工艺。

## 一、水量调节

污水处理中单纯的水量调节有两种方式：一种为线内调节（图2-4），进水一般采用重力流，出水用泵提升；另一种为线外调节（图2-5），调节池设在旁路上，当污水流量过高时，多余污水用泵打入调节池，当流量低于设计流量时，再从调节池回流至集水井，并送去后续处理。

图 2-4　线内调节池

图 2-5　线外调节池

废水的平均流量 $Q_0$（m³/h）按下式计算：

$$Q_0 = \frac{\sum Q_i}{24}$$

式中　$\sum Q_i$ ——一日内逐时流量之和。

## 二、水质调节

水质调节的任务是对不同时间或不同来源的污水进行混合，使流出水质较均匀，水质调节池也称为均和池或匀质池。

水质调节的基本方法有两种：①利用外加动力（如叶轮搅拌、空气搅拌、水泵循环）而进行的强制调节，它设备较简单，效果较好，但运行费用高；②利用差流方式使不同时间和不同浓度的污水进行自身混合，基本没有运行费，但设备结构复杂。

如图 2-6 所示为一种外加动力的水质调节池，采用空气搅拌；在池底设有曝气管，在空气搅拌作用下，使不同时间进入池内的污水得以混合。这种调节池构造简单，效果较好，并可预防悬浮物沉积于池内。最适宜在污水流量不大、处理工艺中需要预曝气以及有现成空气系统的情况下使用。如污水中存在易挥发的有害物质，则不宜使用空气搅拌调节池，可改用叶轮搅拌。

差流方式的调节池类型很多。如图 2-7 所示为一种折流调节池。配水槽设在调节池上部，池内设有许多折流板，污水通过配水槽上的孔口溢流至调节池的不同折流板间，从而使某一时刻的出水包含不同时刻流入的污水，起到了水质调节的作用。如图 2-8 所示为对角线出水调节池。其特点是出水槽沿对角线方向设置，同一时间流入池内的污水，由池的左、右两侧经过不同时间流到出水槽，从而达到自动调节和均和的目的。为防止污水在池内短路，可以在池内设置若干纵向隔板。池内设置沉渣斗，污水中的悬浮物在池内沉淀，通过排渣管定期排出池外。当调节池容积很大，需要设置的沉渣斗过多时，可考虑调节池设计成平底，用压缩空气搅拌污水，防止沉砂沉淀。空气量 $1.5 \sim 3$ m³/（m²·h），调节池有效水深 $1.5 \sim 2$ m，纵向隔板间距为 $1 \sim 1.5$ m。

图 2-6　空气搅拌调节池　　　　　　　　图 2-7　折流调节池

图 2-8　对角线出水调节池

## 三、调节池的设计计算

调节池的容积主要是根据污水浓度和流量的变化范围以及要求的均和程度来计算的。计算调节池的容积，首先要确定调节时间。当污水浓度无周期性变化时，要按最不利情况计算，即浓度和流量在高峰时的区间。采用的调节时间越长，污水越均匀。

先假设某一调节时间，计算不同时段拟定调节时间内的污水平均浓度。若高峰时段的平均浓度大于所求得的平均浓度，则应增大调节时间，直到满足要求为止。反之，若计算出拟调节时间的平均浓度过小，则可重新假设一个较小的调节时间计算。

当污水浓度呈周期性变化时，污水在调节池内的停留时间即为一个变化周期的时间。污水经过一定时间的调节后，其平均浓度可按下式计算：

$$C = \sum_{i=1}^{n} \frac{C_i q_i t_i}{qT}$$

式中　$C$——$T$ 小时内的污水平均浓度，mg/L；

　　　　$q$——$T$ 小时内的污水平均流量，m³/h；

　　　　$C_i$——污水在 $t_i$ 时段内的平均浓度，mg/L；

$q_i$——污水在 $t_i$ 时段内的平均流量，$m^3/h$；

$t_i$——各时段时间（$h$），其总和等于 $T$。

所需调节池的容积为：

$$V = qT = \sum_{i=1}^{n} q_i t_i$$

# 第三节　沉　砂　池

污水中一般含有砂粒、石屑和其他矿物质颗粒。这些颗粒易在污水处理厂的水池与管道中沉积，引起水池、管道附件的阻塞，也会磨损水泵等机械设备。沉砂池的作用就是从污水中分离出这些无机颗粒，同时防止沉降的砂粒中混入过量的有机颗粒。沉砂池一般设于泵站和沉淀池之间，以保护机件和管道，保证后续作业的正常运行。

沉砂池是采用物理原理将无机颗粒从污水中分离出来的一个预处理单元，以重力分离作为基础（一般视为自由沉淀），即把沉淀池内的水流速度控制在只能使相对密度较大的无机颗粒沉淀，而较轻的有机颗粒可随水流出的范围内。

城市污水处理厂应设置沉砂池，其一般规定如下。

（1）沉砂池的设计流量应按分期建设考虑。当污水以自流方式流入时，设计流量按建设时期的最大设计流量考虑；当污水由污水泵站提升后进入沉砂池时，设计流量按每个建设时期工作泵的最大可能组合流量考虑；对合流制排水系统，设计流量还应包括雨水量。

（2）沉砂池按去除相对密度 2.65、粒径 0.2 mm 以上的砂粒设计。

（3）沉砂池的个数或分格数不应小于 2 个，并宜按并联系列设计。当污水量较少时，可考虑一格工作、一格备用。

（4）城市污水的沉砂量可按 106 $m^3$ 污水沉砂 30 $m^3$ 计算，其含水率为 60%，容量为 1500 kg/$m^3$；合流制污水的沉砂量应根据实际情况确定。

（5）砂斗容积应按不大于 2 d 的沉砂量计算，斗壁与水平面的倾角不应小于 55°。

（6）沉砂一般宜采用泵吸式或气提式机械排砂，并设置贮砂池或晒砂场。排砂管直径不小于 200 mm。

（7）当采用重力排砂时，沉砂池和贮砂池应尽量靠近，以缩短排砂管长度，并设排砂闸门于管的首端，使排砂管畅通和利于养护管理。

（8）沉砂池的超高不宜小于 0.3 m。

沉砂池按水流形式可分为平流式、竖流式、曝气式和旋流式四种。

## 一、平流式沉砂池

平流式沉砂池是一种常用的形式，它的结构简单，工作稳定，处理效果也比较好，如图 2-9 所示。

图 2-9 平流式沉砂池示意图

平流式沉砂池由进水装置、出水装置、沉淀区和排泥装置组成，池中的水流部分实际上是一个加宽加深的明渠，两端设有闸板，以控制水流。当污水流过沉砂池时，由于过水断面增大，水流速度下降，污水中挟带的无机颗粒将在重力作用下而下沉，而密度较小的有机物则处于悬浮状态，并随水流走，从而达到从水中分离无机颗粒的目的。在池底设有 1 ～ 2 个贮砂槽，下接带闸阀的排砂管，用以排除沉砂。平流沉砂池可利用重力排砂，也用射流泵或螺旋泵进行机械排砂。

设计参数：

（1）最大流速为 0.3 m/s，最小流速为 0.15 m/s。

（2）最大流量时停留时间不小于 30 s，一般采用 30 ～ 60 s。

（3）有效水深应不大于 1.2 m，一般采用 0.25 ～ 1 m，每格宽度不宜小于 0.6 m。

（4）进水头部应采取消能和整流措施。

（5）池底坡度一般为 0.01 ～ 0.02。当设置除砂设备时，可根据设备要求考虑池底形状。

## 二、竖流式沉砂池

竖流式沉砂池是污水自下而上经中心管流入沉砂池内，根据无机颗粒比水密度大的特点，实现无机颗粒与污水的分离。竖流式沉砂池占地面积小、操作简单，但处理效果一般较差。

设计参数：

（1）最大流速为 0.1 m/s，最小流速为 0.02 m/s。

（2）最大流量时停留时间不小于 20 s，一般采用 30 ～ 60 s。

（3）进水中心管最大流速为 0.3 m/s。

## 三、曝气沉砂池

曝气沉砂池从 20 世纪 50 年代开始使用，它具有以下特点：①沉砂中含有机物的量低于 5%；②由于池中设有曝气设备，它还具有预曝气、除臭、除泡作用以及加速污水中油类和浮渣的分离等作用。这些特点对后续的沉淀池、曝气池、污泥消化池的正常运行以及对沉砂的最终处置提供了有利条件。但是，曝气作用要消耗能量，对生物脱氮除磷系统的厌氧段或缺氧段的运行也存在不利影响。

曝气沉砂池是一个条形渠道，沿渠道壁一侧的整个长度上，距池底 60 ～ 90 cm 处设置曝气装置，在池底设置沉砂斗，池底有 $i$=0.1 ～ 0.5 的坡度，以保证砂粒滑入砂槽。为了使曝气能起到池内回流作用，在必要时可在设置曝气装置的一侧装设挡板。

污水在池中存在着两种运动状态，其一为水平流动（流速一般取 0.1 m/s，不得超过 0.3 m/s），同时，由于在池的一侧有曝气作用，因而在池的横断面上产生旋转运动，整个池内水流产生螺旋状前进的流动形式。旋转速度在过水断面的中心处最小，而在池的周边则为最大。

由于曝气以及水流的旋流作用，污水中悬浮颗粒相互碰撞、摩擦，并受到气泡上升时的冲刷作用，使黏附在砂粒上的有机污染物得以摩擦去除，螺旋水流还将相对密度较轻的有机颗粒悬浮起来随出水带走，沉于池底的砂粒较为纯净，有机物含量只有 5% 左右，便于沉砂的处置。

设计参数：

（1）旋流速度应保持 0.25 ～ 0.3 m/s。

（2）水平流速为 0.06 ～ 0.12 m/s。

（3）最大流量时停留时间为 1 ～ 3 min。

（4）有效水深为 2 ～ 3 m，宽深比一般采用 1 ～ 2。

（5）长宽比可达 5，当池长比池宽大得多时，应考虑设计横向挡板。

（6）每立方米污水的曝气量为 0.2 m³ 空气，或 3 ～ 5 m³（m²·h），也可按表 2-5 所列值采用。

**表 2-5　曝气管水下浸没深度与空气用量关系表**

| 曝气管水下浸没深度（m） | 最低空气用量 [m³/（m²·h）] | 达到良好除砂效果最大空气量 [m³/（m²·h）] |
|---|---|---|
| 1.5 | 12.5 ～ 15.0 | 30 |
| 2.0 | 11.0 ～ 14.5 | 29 |
| 2.5 | 10.5 ～ 14.0 | 28 |
| 3.0 | 10.5 ～ 14.0 | 28 |
| 4.0 | 10.0 ～ 13.5 | 25 |

（7）空气扩散装置设在池的一侧，距池底 0.6 ～ 0.9 m，送气管应设置调节气量的阀门。

（8）池子的形状尽可能不产生偏流或死角，在集砂槽附近可安装纵向挡板。

（9）池子的进口和出口布置，应防止发生短路，进水方向应与池中旋流方向一致，出水方向应与进水方向垂直，并宜考虑设置挡板。

（10）池内应考虑设消泡装置。

## ■ 四、旋流沉砂池

旋流沉砂池是利用机械力控制水流流态与流速、加速砂粒的沉淀并使有机物随水流带走的沉砂装置。旋流沉砂池有多种类型，某些形式还属于专利产品，下面介绍一种涡流式旋流沉砂池。

该旋流沉砂池由进水口、出水口、沉砂分选区、集砂区、砂提升管、排砂管、电动机和变速箱组成。污水由流入口沿切线方向流入沉砂区，利用电动机及传动装置带动转盘和斜坡式叶片旋转，在离心力的作用下，污水中密度较大的砂粒被甩向池壁，掉入砂斗，有机物则被留在污水中。调整转速，可达到最佳沉砂效果。沉砂用压缩空气经砂、排砂管清洗后排除，清洗水回流至沉砂区。

# 第四节 沉 淀 池

## 一、沉淀的基本原理

在流速不大时，密度比污水大的一部分悬浮物会借重力作用在污水中沉淀下来，从而实现与污水的分离；这种方法称为重力沉淀法。根据污水中可沉悬浮物质浓度的高低及絮凝性能的强弱，沉淀过程有以下四种类型，它们在污水处理工艺中都有具体体现。

### 1. 自由沉淀

自由沉淀是一种相互之间无絮凝倾向或弱絮凝固体颗粒在稀溶液中的沉淀。

污水中的悬浮固体浓度不高，而且不具有凝聚的性能，在沉淀过程中，固体颗粒不改变形状、尺寸，也不互相黏合，各自独立地完成沉淀过程。颗粒的形状、粒径和密度直接决定颗粒的下沉速度。另外，由于自由沉淀过程一般历时较短，因此，污水中的水平流速与停留时间对沉淀效果影响很大。自由沉淀由于发生在稀溶液中，且是离散的，因此，入流颗粒浓度不影响沉淀效果。

### 2. 絮凝沉淀

絮凝沉淀是一种絮凝性颗粒在稀悬浮液中的沉淀。在絮凝沉淀的过程中，各微小絮状颗粒之间能互相黏合成较大的絮体，使颗粒的形状、粒径和密度不断发生变化，因此，沉降速度也不断发生变化。

### 3. 成层沉淀

当污水中的悬浮物浓度较高时，颗粒相互靠得很近，每个颗粒的沉降过程都受到周围颗粒作用力的干扰，但颗粒之间相对的位置不变，成为一个整体的覆盖层共同下沉。此时，悬浮物与水之间有一个清晰的界面，这种沉淀类型为成层沉淀。

### 4. 压缩沉淀

发生在高浓度悬浮颗粒的沉降过程中，由于悬浮颗粒浓度很高，颗粒相互之间已集成团状结构，互相支撑，下层颗粒间的水在上层颗粒的重力作用下被挤出，使污泥得到浓缩。

## ■ 二、沉淀池概况

沉淀池是分离悬浮固体的一种常用处理构筑物。

1．沉淀池类型

（1）沉淀池按工艺布置的不同，可分为初次沉淀池和二沉池。

①初次沉淀池。初次沉淀池是一级污水处理系统的主要处理构筑物，或作为生物处理中预处理的构筑物。初次沉淀池的作用是对污水中密度大的固体悬浮物进行沉淀分离。放污水进入初次沉淀池后流速迅速减小至 0.02 m/s 以下，从而极大地减小了水流夹带悬浮物的能力，使悬浮物在重力作用下沉淀下来成为初次沉淀污泥，而相对密度小于 1 的细小漂浮物则浮至水面形成浮渣而除去。初次沉淀池可去除污水中 40% ～ 55% 以上的 SS 以及 20% ～ 30% 的 $BOD_5$。

②二沉池。通常把生物处理后的沉淀池称为二沉池，是生物处理工艺中的一个重要组成部分。二沉池的作用是泥水分离，使混合液澄清、污泥浓缩并将分离的污泥回流到生物处理段。其工作效果直接影响回流污泥的浓度和活性污泥处理系统的出水水质。

（2）沉淀池常按池内水流方向不同分为平流式、竖流式、辐流式（图 2-10）。

（a）　　　　　　　　（b）　　　　　　　　（c）

图 2-10　三种沉淀池示意图
（a）平流式；（b）竖流式；（c）辐流式

①平流式沉淀池。平流式沉淀池呈长方形，污水从池的一端流入，水平方向流过池子，从池的另一端流出。在池的进水口处底部设置贮泥斗，其他部位池底设有坡度，坡向贮泥斗。

②竖流式沉淀池。竖流式沉淀池多为圆形，亦有呈正方形或多角形的，污水从设在池中央的中心管进入，从中心管的下端经过反射板后均匀、缓慢地分布在池的横断面上，由于出水口设置在池面或池壁四周，故水的流向基本由下向上，污泥贮积在底部的污泥斗中。

③辐流式沉淀池。辐流式沉淀池亦称为辐射式沉淀池，多呈圆形，有时亦采用正方形。池的进水在中心位置，出口在周围。水流在池中3呈水平方向向四周辐射，

由于过水断面面积不断变化，故池中的水流流速从池四周逐渐减慢。泥斗设在池中央，池底向中心倾斜，污泥通常用刮泥机（或吸泥机）机械排除。

2．沉淀池组成

沉淀池由五个部分组成，即进水区、出水区、沉淀区、贮泥区及缓冲区。进水区和出水区的功能是使水流的进入与流出保持均匀平稳，以提高沉淀效率。沉淀区是池子的主要部位；贮泥区是存放污泥的地方，它起到贮存、浓缩与排放的作用；缓冲区介于沉淀区和贮泥区之间，缓冲区的作用是避免水流带走沉在池底的污泥。

沉淀池的运行方式有间歇式与连续式两种。在间歇运行的沉淀池中，其工作过程大致分为三步：进水、静置及排水。污水中可沉淀的悬浮物在静置时完成沉淀过程，然后由设置在沉淀池壁不同高度的排水管排出。在连续运行的沉淀池中，污水是连续不断地流入和排出。污水中可沉颗粒的沉淀是在流过水池时完成，这时可沉颗粒受到由重力所造成的沉速与水流流动的速度两方面的作用。水流流动的速度对颗粒的沉淀有重要的影响。

3．沉淀池的工艺设计

沉淀池的一般设计原则及参数如下。

（1）设计流量。沉淀池的设计流量与沉砂池的设计流量相同。在合流制的污水系统中，当废水自流进入沉淀池时，应按最大流量作为设计流量；当用水泵提升时，应按水泵的最大组合流量作为设计流量。在合流制系统中应按降雨时的设计流量校核，但沉淀时间应不小于 30 min。

（2）沉淀池的数量。对城市污水厂，沉淀池应不小于 2 座。

（3）沉淀池的构造尺寸。沉淀池超高不少于 0.3 m；有效水深宜采用 2.0～4.0 m；缓冲层高采用 0.3～0.5 m；贮泥斗斜壁的倾角，方斗不宜小于 60°，圆斗不宜小于 55°；排泥管直径不小于 200 mm。

（4）沉淀池出水部分。一般采用堰流，在堰口保持水平。初沉池的出水堰的负荷一般取 1.5～2.9 L/（s·m）。有时亦可采用多槽出水布置，以提高出水水质。

（5）贮泥斗容积。初沉池一般按不大于 2 d 的污泥量计算；二沉池按贮泥时间不超过 2 h 计算。

（6）排泥部分。沉淀池一般采用静水压力排泥，静水压力数值如下：初次沉淀池不小于 14.71 kPa（1.5 m $H_2O$）；或活性污泥法的二沉池应不小于 8.83 kPa（0.9 m $H_2O$）；生物膜法的二沉池应不小于 11.77 kPa（1.2 m $H_2O$）。

### ■ 三、平流式沉淀池

1. 平流式沉淀池的构造

平流式沉淀池的结构如图 2-11 所示。它主要由进水装置、出水装置、沉淀区和排泥装置组成。

图 2-11　设有行车刮泥机的平流式沉淀池

1—刮泥行车；2—刮渣板；3—刮泥板；4—进水槽；5—挡流板；6—贮泥斗；7—排泥管；
8—浮渣槽；9—出水槽；10—出水管；11—整流墙；12—潜孔；

（1）进水装置。进水装置采用淹没式横向潜孔，潜孔均匀地分布在整个整流墙上，在潜孔后设挡流板，其作用是消能，以使污水均匀分布。整流墙上潜孔的总面积为过水断面的 6% ～ 20%。

（2）出水装置。出水区多采用自由堰形式，堰前设挡板以拦截浮渣，也可采用浮渣收集和排除装置。出水堰是沉淀池的重要部件，它不仅控制沉淀池水位，而且可保证沉淀池内水流的均匀分布。

（3）沉淀区和排泥装置。该区起贮存、浓缩和排泥的作用。沉淀区能及时排除沉于池底的污泥，使沉淀池工作正常。由于可沉悬浮颗粒多沉于沉淀池的前部，因此，在池的前部设贮泥斗，贮泥斗中的污泥通过排泥管利用的静水压力排出池外。排泥方式一般采用重力排泥和机械排泥。

2. 平流沉淀池的设计参数

（1）沉淀池的个数或分格数应至少设置 2 个，按同时运行设计；若污水由水泵提升后进入沉淀池，则其容积应按泵站的最大设计流量计算，若污水自流进入沉淀池，则应按进水管最大设计流量计算。

（2）初次沉淀池沉淀时间一般取 1 ～ 2 h，二沉池沉淀时间一般稍长，取 1.5 ～ 3.0 h；初次沉淀池表面负荷取 1.5 ～ 2.5 m³/（m²·h），二沉池表面负荷取 0.5 ～ 2.5 m³/（m²·h），沉淀效率为 40% ～ 60%。

（3）对于工业废水系统中的沉淀池，设计时应对实际沉淀试验数据进行分析，确定设计参数。若无实际资料，可参照类似工业废水处理工程的运行资料。

（4）沉淀区的有效水深一般在 2.5 ～ 3.0 m 之间。

（5）池的长宽比不小于 4，长深比采用 8 ～ 12。

（6）池的超高不宜小于 0.3 m。

（7）缓冲层的高度在非机械排泥时，采用 0.5 m；机械排泥时，则缓冲层上缘应高出刮泥板 0.3 m。排泥机械的行进速度为 0.3 ～ 1.2 m/min。

（8）进水处设闸门调节流量，淹没式潜孔的过孔流速为 0.1 ～ 0.4 m/s，出水处设三角形溢流堰，溢流堰的流量用下式计算：

$$Q=1.43H^{2.5}$$

式中　$Q$——三角堰的过堰流量，m³/s；

　　　$H$——堰顶水深，m。

（9）池底一般设 1% ～ 2% 的坡度；采用多斗贮泥时，各斗应设置单独的排泥管及排泥闸阀，池底横向坡度采用 0.05；机械刮泥时，纵坡为 0。

（10）进、出水口的挡流板应在水面以上 0.15 ～ 0.2 m；进水处设挡流板伸入水下的深度不小于 0.25 m，距进水口 0.5 ～ 1.0 m，而出口处的挡流板淹没深度不应大于 0.25 m，距离出水口 0.25 ～ 0.5 m。

（11）排泥管一般采用铸铁管，其直径应按计算确定，但一般不宜小于 200 mm，下端伸入斗底中央处，顶端敞口，伸出水面，其目的是疏通和排气。在水面以下 1.5 ～ 2.0 m 处，排泥管连接水平排出管，污泥在静水压力的作用下排出池外，排泥时间一般采用 5 ～ 30 min。

（12）泥斗坡度约为 45° ～ 60°，二沉池泥斗坡度不能小于 55°。

3. 平流沉淀池的设计

平流沉淀池设计的内容包括确定沉淀池的数量，入流、出流装置设计，沉淀区和污泥区尺寸计算，排泥和排渣设备选择等。

目前按照表面水力负荷、沉淀时间和水平流速进行设计计算。

（1）沉淀区表面积 $A$：

$$A = \frac{Q_{\max}}{q}$$

式中　$A$——沉淀区表面积，m²；

　　$Q_{\max}$——最大设计流量，m³/h；

　　　$q$——表面水力负荷，m³/（m²·h），通过沉淀试验取得。

（2）沉淀区有效水深 $h_2$：

$$h_2 = qt$$

式中 $h_2$——沉淀区的有效水深，m；

$t$——沉淀时间，h（初沉池一般取 0.5～2.0 h，二沉池一般取 1.5～4.0 h，通常取 2.0～4.0 m）。

（3）沉淀区的有效容积 $V$：

$$V = Ah_2$$

或

$$V = Q_{max}t$$

式中 $V$——有效容积，m³；

$A$——沉淀区表面积，m²；

$Q_{max}$——最大设计流量，m³/h。

（4）沉淀区总宽度：

$$B = \frac{A}{L}$$

式中 $B$——沉淀区总宽度，m。

（5）沉淀池座数或分格数：

$$n = \frac{B}{b}$$

式中 $n$——沉淀池座数或分格数；

$B$——每座或每格宽度，m，与刮泥机有关，一般用 5～10 m。

为了使水流均匀分布，沉淀区长度一般采用 30～50 m，长宽比不小于 4，长深比不小于 8，沉淀池总长度等于沉淀区长度加前后挡板至池壁的距离。

（6）污泥区计算：

按每日污泥量和排泥的时间间隔设计。

每日产生的污泥量：

$$W = \frac{SNt}{1000}$$

式中 $W$——每日污泥量，m³/d；

$S$——每人每日产生污泥量，L/（人·d）；

$N$——设计人口数，人；

$t$——两次排泥的时间间隔，d（初次沉淀池按 2 d 考虑；曝气池后的二次沉淀池按 2 h 考虑；机械排泥的初次沉淀池和生物膜法处理后的二次沉淀池污泥区容积应按 4 h 的污泥量计算）。

如已知污水悬浮物浓度与去除率，污泥量可按下式计算：

$$W = \frac{24Q_{ax}(C_0 - C_1)t}{\gamma(1 - p_0)}$$

式中　$C_0$、$C_1$——分别为进水与沉淀出水的悬浮物浓度，kg/m³（如有浓缩池、消化池及污泥脱水机的上清液回流至初次沉淀池中，则式中 $C_0$、$C_1$ 应取 50% ～ 60%）；

　　　　$p_0$——污泥含水率，%；

　　　　$\gamma$——污泥容量，kg/m³（因污泥的主要成分是有机物，含水率为 95% 以上，故可取为 1000 kg/m³）；

　　　　$t$——两次污泥的时间间隔。

（7）沉淀池的总高度：

$$H = h_1 + h_2 + h_3 + h_4$$

式中　$H$——总高度，m；

　　　　$h_1$——超高，采用 0.3 m；

　　　　$h_2$——沉淀区高度，m；

　　　　$h_3$——缓冲区高度（当无刮泥机时，缓冲层的上缘应高出刮板 0.3 m）；

　　　　$h_4$——污泥区高度，m。

根据污泥量、池底坡度、污泥斗几何高度及是否采用刮泥机决定；一般规定池底纵坡不小于 0.01，机械刮泥时，纵坡为 0，污泥斗倾角 $\alpha$：方斗宜为 60°，圆半径宜为 55°。

## 四、竖流式沉淀池

### 1. 竖流式沉淀池的构造

竖流式沉淀池的平面为圆形、正方形和多角形。为使池内配水均匀，池径不宜过大，一般采用 4 ～ 7 m，不大于 10 m。为了降低池的总高度，污泥区可采用多斗排泥方式。

沉淀池的直径与有效水深之比不大于 3。构造图样如图 2-12 所示。

污水从中心管的下部流入，通过反射板的阻拦向四周分布，然后沿沉淀区的整个断面上升，沉淀后的出水由池四周溢出。出水区设在池周，采用自由堰或三角堰。如果池子的直径大于 7 m，一般要考虑设辐射式集水槽与池边环形水槽相通。

图 2-12 竖流式沉淀池

**2．竖流式沉淀池的原理**

污水是从下向上以流速 $v$ 做竖向流动，污水中的悬浮颗粒有以下三种运动状态：①当颗粒沉速 $u > v$ 时，则颗粒将以 $u-v$ 的差值向下沉淀，颗粒得以去除；②当 $u=v$ 时，则颗粒处于随机状态，不下沉亦不上升；③当 $u < v$ 时，颗粒将不能沉淀下来，而会被上升水流带走。由此可知，当可沉颗粒属于自由沉淀类型时，其沉淀效果（在相同的表面水力负荷条件下）竖流式沉淀池的去除效率要比其他沉淀池低。但当可沉颗粒属于絮凝沉淀类型时，则发生的情况就比较复杂。一方面，由于在池中颗粒存在相反方向的运行，就会出现上升着的颗粒与下降着的颗粒，同时还存在着上升颗粒与上升颗粒之间、下降颗粒与下降颗粒之间的相互接触、碰撞，致使颗粒的直径逐渐增大，有利于颗粒的沉淀；另一方面，絮凝颗粒在上升水流的顶托和自身重力作用下，会在沉淀区内形成一个絮凝污泥层，这一层可以网捕拦截污泥中的待沉颗粒。

**3．竖流式沉淀池的设计参数**

（1）为了使水流在沉淀池内分布均匀，水流自下而上作垂直流动，池子的直径和有效水深之比不小于 3，池子的直径（或半径）一般不大于 10 m。

（2）污水在沉降区流速应等于待去除的颗粒最小沉速，一般采用 0.3～1.0 m/s。

（3）中心管内流速应不大于 30 mm/s，中心管下口应设喇叭口和反射板，喇叭口直径及高度为中心管直径的 1.35 倍；反射板直径为喇叭口直径的 1.35 倍。反射板表面与水平面倾角为17°，污水从喇叭口与反射板之间的间隙流出的流速不应大于40 mm/s。

（4）缓冲层高度在有反射板时，板底面至污泥表面高度采用0.3 m；无反射板时，中心管流速应相应降低，缓冲层采用0.6 m。

（5）当沉淀池的直径小于7 m时，处理后的污水沿周边流出，直径为7 m和7 m以上时，应增设辐流式汇水槽，汇水槽堰口最大负荷为1.5～2.9 L/（s·m）。

（6）贮泥斗倾角为45°～60°，污泥借1.5～1.2 m的静水压力由排泥管排出，排泥管直径一般不小于200 mm，下端距池底不大于0.2 m，管上端超出水面不小于0.4 m。

（7）为了防止漂浮物外溢，在水面距池壁0.4～0.5 m处安设挡板，挡板伸入水中部分的深度为0.25～0.3 m，伸出水面高度为0.1～0.2 m。

4. 竖流式沉淀池的设计

（1）中心管截面积$f_1$与直径$d_0$：

$$f_1 = \frac{Q_{max}}{v_0}$$

$$d_0 = \sqrt{\frac{4f_1}{\pi}}$$

式中　$Q_{max}$——每组沉淀池最大设计流量，m³/s；

　　　$f_1$——中心管截面积，m²；

　　　$v_0$——中心管流速，m/s；

　　　$d_0$——中心管直径，m。

（2）中心管喇叭口到反射板之间的间隙高度为：

$$h_3 = \frac{Q_{max}}{v_1 \pi d_1}$$

式中　$h_3$——间隙高度，m；

　　　$v_1$——间隙流出速度，m/s；

　　　$d_1$——喇叭口直径，m。

（3）沉淀池面积$f_2$和池径$D$。

$$f_2 = \frac{Q_{max}}{q}$$

$$A = f_1 + f_2$$

$$D = \sqrt{\frac{4A}{\pi}}$$

式中　$f_2$——沉淀池面积，m²；

$q$——表面水力负荷，$m^3/(m^2 \cdot h)$：

$A$——沉淀池面积（含中心管面积），$m^2$：

$D$——沉淀池直径，m。

其余各部分的设计与平流沉淀池相似。

## 五、辐流式沉淀池

### 1. 辐流式沉淀池的构造

辐流式沉淀池是一种大型沉淀池，池径最大可达100 m，池周水深1.5～3.0 m。有中心进水和周边进水两种形式。

中心进水辐流式沉淀池（图2-13）进水部分在池中心，因中心导流管流速大，活性污泥在中心导流管内难于絮凝，并且这股水流与池内水相比，相对密度较大，向下流动时动能也较高，易冲击池底沉淀。周边进水辐流式沉淀池（图2-14）的入流区在构造上有两个特点：①进水槽断面较大，而槽底的孔口较小，布水时的水头损失集中在孔口上，故布水比较均匀，但配水渠内浮渣难于排除，容易结壳；②进水挡板的下沿深入水面下约2/3深度处，距进水孔口有一段较长的距离，这有助于进一步把水流均匀地分布在整个入流的过水断面上，而且污水进入沉淀区的流速要小得多，有利于悬浮颗粒的沉淀。池子的出水槽可设在池的半径的中间或池的周边。进出水的改进在一定程度上克服了中心进水辐流式沉淀池的缺点，可以提高沉淀池的容积利用率。但是，如果辐流式沉淀池的直径很大，进口的布水和导流装置设计不当，则周边进水沉淀池会发生短流现象，严重影响效果。

图2-13 中心进水辐流式沉淀池

图 2-14　周边进水辐流式沉淀池

2. 辐流式沉淀池的设计参数

（1）沉淀池的直径一般不小于 10 m，当直径小于 20 m 时，可采用多孔排泥；当直径大于 20 m 时，应采用机械排泥。

（2）设计沉淀池时，进水流量取最大设计流量，初次沉淀池表面负荷取 2 ～ 3.6 m³/（m²·h），二沉池表面负荷取 0.8 ～ 2 m³/（m²·h），沉淀效率一般在 40% ～ 60%。

（3）进水处设闸门调节流量，进水中心管流速大于 0.4 m/s，进水采用中心管淹没式潜孔进水，过流流速宜为 0.1 ～ 0.4 m/s，进水管穿孔挡板的穿孔率为 10% ～ 20%。

（4）沉淀区有效水深不大于 4 m，池子直径与有效水深比值一般取 6 ～ 12。

（5）出水处设挡渣板，挡渣板高出池水面 0.15 ～ 0.2 m，排渣管直径大于 200 mm，集水渠内流速为 0.2 ～ 0.4 m/s。

（6）对于非机械排泥，缓冲层高宜为 0.5 m；用机械刮泥时，缓冲层上缘高出刮板 0.3 m。

（7）池底坡度，作为初次沉淀池时要求不小于 0.02；作为二沉池用时则不小于 0.05。

（8）当池径小于 20 m，刮泥机采用中心传动；当池径大于 20 m 时，刮泥机采用周边传动，周边线速控制在 1 ～ 3 r/h，一般不宜大于 3 m/min。

（9）池底排泥管的管径应大于 200 mm，管内流速大于 0.4 m/s，排泥静水压宜在 1.2 ～ 2.0 m，排泥时间不宜小于 10 min。

（10）沉淀池有效水深、污泥沉淀时间、沉淀池超高、污泥斗排泥间隔等的设计参数可参考平流式沉淀池。

3. 辐流式沉淀池的设计

（1）每个沉淀池的表面积：

$$A_1 = \frac{Q_{\max}}{nq_0}$$

式中　$A_1$——单池表面积，m²；

　　　　$n$——池数，个；

　　　$Q_{\max}$——最大设计流量，m³/h；

　　　　$q_0$——沉淀池表面水力负荷，m³/（m²·h）。

（2）每个沉淀池的直径：

$$D = \sqrt{\frac{4A_1}{\pi}}$$

式中　$D$——单池直径，m。

（3）沉淀池的有效水深：

$$h_2 = q_0 t$$

式中　$h_2$——有效水深，m；

　　　　$t$——沉淀时间，h。

（4）沉淀区的有效容积：

$$V_0 = A_1 h_2$$

或

$$V_0 = \frac{Q_{\max} n}{t}$$

式中　$V_0$——沉淀区的有效容积，m³。

（5）污泥区容积：

$$W = \frac{SNt}{1000}$$

　　或

$$W = \frac{24Q_{\max}(C_0 - C_1)t}{\gamma(1 - p_0)}$$

式中　$W$——污泥区容积，m³；

　　　$S$——每人每日产生的污泥量，L/（人·d），一般按 0.3 ～ 0.8 计算；

　　　$N$——设计人口数；

　　　　$t$——两次排泥的间隔时间，d；

　$C_0$、$C_1$——进水、出水的悬浮物质量浓度，kg/m³；

　　　$p_0$——污泥含水率，%；

　　　　$\gamma$——污泥密度，kg/m³，取 $\gamma$=1 000 kg/m³。

（6）污泥斗容积：

$$V_1 = \frac{\pi h_5}{3}(r_1^2 + r_1 r_2 + r_2^2)$$

式中　$V_1$——污泥斗容积，$m^3$；

$\quad\quad r_1$——污泥斗上口半径，m；

$\quad\quad r_2$——污泥斗下口半径，m；

$\quad\quad h_5$——污泥斗的高度，m。

（7）沉淀池的总高度：

$$H = h_1 + h_2 + h_3 + h_4 + h_5$$

式中　$H$——沉淀池的总高度，m；

$\quad\quad h_1$——沉淀池超高，m；

$\quad\quad h_3$——缓冲区高度，m；

$\quad\quad h_4$——沉淀池底坡落差，m。

## 六、斜板沉淀池

1．斜板沉淀池的构造

斜板沉淀池由斜板沉淀区、进水配水区、清水出水区、缓冲区和污泥区等部分组成。按斜板或斜管间水流与污泥的相对运动方向来区分，斜板沉淀池分为异向流、同向流、侧向流三种。在污水处理中常采用升流式异向流斜板沉淀池（图2-15）。

图 2-15　升流式异向流斜板沉淀池

1—配水槽；2—整流墙；3—斜板、斜管体；4—淹没孔口；5—集水槽；6—污泥斗；

7—穿孔排泥管；8—阻流板

2．斜板沉淀池设计

（1）沉淀池表面积：

$$A = \frac{Q_{\max}}{0.91 n q_0}$$

式中　$A$——斜板沉池的表面积，$m^2$；

$Q_{max}$——最大设计流量，$m^3/h$；

　　$n$——池数；

0.91——斜板面积利用系数；

　　$q_0$——表面水力负荷，$m^3/(m^2 \cdot h)$（可以普通沉淀池表面水力负荷的 2 倍计，但如果用于二沉池，应以固体负荷核算）。

（2）沉淀池平面尺寸：

$$D = \sqrt{\frac{A}{\pi}} \text{ 或 } a = \sqrt{A}$$

式中　$D$——圆形池直径，m；

　　$a$——矩形池边长，m。

（3）污泥在池内的停留时间：

$$t = \frac{60(h_2 + h_3)}{q_0}$$

式中　$t$——池内停留时间，min；

　　$h_2$——斜板区上部的清水层高度，m；

　　$h_3$——斜板的自身垂直高度，m。

（4）沉淀池的总高度：

$$H = h_1 + h_2 + h_3 + h_4 + h_5$$

式中　$H$——总高度，m；

　　$h_1$——沉淀池超高，m；

　　$h_4$——斜板区底部缓冲层高度，m；

　　$h_5$——污泥斗高度，m。

污泥斗的高度与污泥量有关。

# 第五节　强化一级预处理技术

## 一、概述

　　目前，我国城市污水处理中，以沉淀为主的一级处理对有机物的去除率较低，仅采用一级处理，难以有效控制水污染。而且，我国大多数污水处理设施采用的是生物二级处理，在实际运营中常常出现污水厂的处理量远低于其设计能力，设置建成了却不投入运营或超负荷运行，处理后的出水达不到国家标准的情况。这很可能是由于建设大批城市污水二级处理厂需要大量投资和高额运行费用，这是广大发展中地区难以承受的。因而，各种类型投资较低而对污染物去除率较高的城市污水强化一级预处理技术应运而生。

强化一级预处理技术的优越性在于：在一级处理的基础上，通过增加较少的投资建设强化处理措施，可以较大程度地提高污染物的去除率，削减总污染负荷，降低去除单位污染物的费用。强化一级处理技术大致可分为化学一级强化、生物一级强化和复合一级强化三种。下面将详细介绍这三种强化一级处理技术。

## 二、化学一级强化处理工艺

化学强化一级处理是在传统的一级处理的基础上，通过投加低剂量的化学絮凝剂等措施强化对污水中污染物的去除效果的水处理方法。

污染物质在水中根据其存在的状态可分为：悬浮物质（颗粒粒径大于 $10^{-1}\,\mu m$）、胶体物质（颗粒粒径在 $10^{-3} \sim 10^{-1}\,\mu m$ 之间）和溶解物质（颗粒粒径小于 $10^{-3}\,\mu m$）。静置沉淀是去除悬浮物质的有效手段。但由于胶体表面带有电荷，所以胶体颗粒会在水中长期保持悬浮状态而不下沉。因此，如何减少胶体表面电荷排斥作用的影响或者破坏胶体表面电荷结构是解决这一问题的关键。

1. 混凝机理

（1）双电层压缩机理。如前所述，水中胶体颗粒能维持稳定的分散悬浮状态，主要是由于胶体的 ζ 电位，如果能消除或降低胶粒的 ζ 电位，就能使微粒碰撞聚集，失去稳定性。在水中投加混凝剂可达到这样的目的。例如，天然水体中带负电的黏土胶粒，在投入铁盐或铝盐等混凝剂后，混凝剂提供大量正离子会涌入胶体扩散层甚至吸附层，从而增加扩散层及吸附层中正离子浓度，就使扩散层变薄，胶体粒子 ζ 电位降低，胶体间的相互排斥力减小。同时，由于扩散层变薄，胶粒间相撞时的距离也减少，因此，相互间的吸引力也相应变大，从而使胶粒易发生聚集。当大量正离子涌入吸附层以致扩散层完全消失时，ζ 电位为零。这种状态称为等电状态。在等电状态下，胶粒间静电斥力消失，胶粒易发生聚结。实际上，ζ 电位只要降至某一程度而使胶粒间排斥的能量小于胶粒布朗运动的动能时，胶粒就开始产生明显的聚结，这时的 ζ 称为临界电位。胶粒因 ζ 电位降低或消除以致失去稳定性的过程，称为胶粒脱稳。脱稳的胶粒相互聚结，称为凝聚。

压缩双电层作用是阐明胶体凝聚的一个重要结论。它特别适用于无机盐混凝剂所提供的简单离子的情况。但是，如仅用双电层作用原理来解释水中的混凝现象，会产生一些矛盾。例如，三价铝盐或铁盐混凝剂投量过多时效果反而下降，水中的胶粒又会重新获得稳定。又如在等电状态下，混凝效果应该是最好的，但实践却表明，混凝效果最佳时的 $\zeta$ 电位常大于零。

（2）吸附架桥原理。三价铝盐或铁盐以及其他高分子混凝剂溶于水后，经水解和缩聚反应形成高分子聚合物，具有线性结构。这类高分子物质可被胶体微粒所强烈吸附。因其线性长度较大，当它的一端吸附某一胶粒后，另一端又吸附另一胶粒，在相距较远的两胶粒间进行吸附架桥，使颗粒逐渐结大，形成肉眼可见的粗大絮凝体。这种高分子物质吸附架桥作用使微粒相互黏结的过程，称为絮凝。

（3）沉淀物网捕机理。三价铝盐或铁盐等水解而生成沉淀物。这些沉淀物在自身沉淀过程中，能卷集、网捕水中的胶体等微粒，使胶体黏结。上述产生的微粒凝结现象——凝聚和絮凝总称为混凝。

压缩双电层作用和吸附架桥作用，对于不同类型的混凝剂，所起的作用程度并不相同。对高分子混凝剂特别是有机高分子混凝剂，吸附架桥可能起主要作用，对铝盐、铁盐等无机混凝剂，压缩双电层和吸附架桥以及网捕作用都具有重要作用。

在城市污水化学一级强化处理的措施中，通常会向废水中加入混凝剂和絮凝剂，以去除污水中的悬浮物和胶态有机物，实现污水的净化，具体工艺如图2-16所示。

图2-16　化学混凝一级强化处理工艺

**2. 常用混凝剂和絮凝剂**

混凝剂指主要起脱稳作用而投加的药剂，而絮凝剂主要指通过架桥作用把颗粒连接起来所投加的药剂。

城市污水采用的混凝剂主要有铝盐和铁盐等。化学絮凝一级强化处理对悬浮固体、胶体物质的去除均有明显的强化效果，SS去除率可达90%，$BOD_5$去除率为50%～70%，$COD_{cr}$的去除率为50%～60%；此外除磷效果好，一般在80%以上。当接后续处理时，可降低其运行的负荷和能耗。

但是，由于在处理过程中投加化学药剂，将对环境造成一定影响，而且污泥产量较大，污泥处理处置工作量较大，且处理费用相当可观，这一问题还有待解决。

### 3. 混凝的影响因素

废水的胶体杂质浓度、pH 值、水温及共存杂质都会不同程度的影响混凝效果。

（1）浊度：浊度过高或过低都不利于混凝，浊度不同，所需脱稳的 $Al^{3+}$ 和 $Fe^{3+}$ 的用量也不同。

（2）pH 值：pH 值也是影响混凝的重要因素。采用某种混凝剂对任一废水的混凝，都有一个相对最佳 pH 值存在，使混凝反应速度最快，絮体溶解度最小，混凝作用最大。一般通过实验得到最佳的 pH 值。往往需要加酸加碱来调整 pH 值，通常加碱。

（3）水温：水温对混凝效果影响很大。无机盐类的混凝剂的水解是吸热反应，水温低时，水解困难。如硫酸铝，当水温低于 5℃ 时，水解速度变慢，要求最佳温度是 35 ～ 40℃。且水温低时，黏度增加，不利于脱稳胶粒相互絮凝，影响絮凝体的结块，进而影响后续沉淀处理的效果。

（4）共存杂质的种类和浓度：除硫、磷化合物以外的其他各种无机金属盐，它们均能压缩胶体粒子的扩散层厚度，促进胶体粒子的凝聚。离子浓度越高，促进能力越强，并可使混凝范围扩大。二价金属离子 $Ca^{2+}$、$Mg^{2+}$ 等对阴离子型的高分子絮凝剂凝聚带负电的胶体粒子有很大的促进作用，表现在能压缩胶体粒子的扩散层，降低微粒间的排斥力，并能降低絮凝剂和微粒间的斥力，使它们表面彼此接触。磷酸离子、亚硫酸离子、高级有机酸离子等有阻碍高分子絮凝作用。另外，氯、螯合物、水溶性高分子物质和表面活性物质都离不开混凝。

（5）水力条件：水力条件对混凝效果有重要影响。两个主要的控制指标是搅拌强度和搅拌时间。搅拌强度常用速度梯度 $G$ 来表示。在混合阶段，要求混凝剂与废水迅速、均匀地混合，为此要求 $G$ 在 500 ～ 1 000 $s^{-1}$；搅拌时间 $t$ 应在 10 ～ 30 s。而到了反应阶段，既要创造足够的碰撞机会和良好的吸附条件让絮体有足够的成长机会，又要防止生成的小絮体被打碎，因此搅拌强度逐渐减少，而反应时间要长，相应 $G$ 和 $t$ 值分别应在 20 ～ 70 $s^{-1}$ 和 15 ～ 30 min。

## ▎三、生物一级强化处理工艺

### 1. 生物絮凝一级强化处理工艺

生物絮凝法不同于化学絮凝沉淀，此法无须投加化学絮凝剂，二次污染低，环境效益较好。它是在污水的一级处理中引入大粒径的污泥絮体，直接利用污泥絮体中的微生物及其代谢产物作为吸附剂和絮凝剂，通过对污染物质的物理吸附、化学吸附和生物吸附及吸收作用，以及吸附架桥、电性中和、沉淀网捕等絮凝作用，将污水中较小的颗粒物质和一部分胶体物质转化为生物絮体的组成部分，并通过絮体沉降作用将其快速去除。

蒋展鹏等人提出的"絮凝—沉淀—活化"工艺即是一种生物强化，污水在絮凝吸附池与活化污泥进行混合，在絮凝吸附池中污泥絮体可吸附大量污染物质，其处理出水排入沉淀池，沉淀污泥进入污泥活化池进行短时间曝气活化，改善污泥性能后，再回到絮凝吸附池，进行下一轮作用；由于曝气时间短，其能耗远低于二级生物处理工艺。其工艺流程如图 2-17 所示。

图 2-17 絮凝—沉淀—活化一级强化处理工艺流程

这种污泥活化池与活性污泥法中的污泥再生池是有区别的。首先控制参数不同，确定的实验工艺参数为：絮凝吸附池水力停留时间为 30 min，沉淀池的沉淀时间为 60 min，污泥活化池内溶解氧保持在 2 mg/L，活化时间为 120 min。而吸附再生法的活性污泥吸附性能依靠再生池来保持，活性污泥将吸附的有机物氧化分解后又恢复了吸附活性，所需的污泥再生时间较长，所得到的污泥的性质也不同。活化污泥的氧化程度相对较低，活性微生物含量较少，污泥吸附性能不如活性污泥，但沉淀性能良好。它对溶解性物质的去除效果较差，主要处理对象是小颗粒悬浮物质和胶体颗粒。

2．水解酸化一级强化处理工艺

水解酸化也是一种生物一级强化处理的技术。水解酸化工艺就是将厌氧发酵过程控制在水解与酸化阶段。在水解产酸菌的作用下，污水中的非溶解性有机物被水解为溶解性有机物，大分子物质被降解为小分子物质。因此，经过水解酸化后，污水的可生化性得到较大提高。

在水解酸化一级强化处理工艺中，用水解池代替初沉池，污水从池底进入，水解池内形成一悬浮厌氧活性污泥层，当污水由下而上通过污泥层时，进水中悬浮物质和胶体物质被厌氧生物絮凝体絮凝，截留在厌氧污泥絮体中。经过水解工艺后，污水 $BOD_5$ 的去除率为 30% ～ 40%，$COD_{cr}$ 去除率为 35% ～ 45%，SS 的去除率为 70% ～ 90%。

## 四、复合一级强化处理工艺

1．化学 – 生物联合絮凝强化一级处理

化学 – 生物联合絮凝强化一级处理是将化学强化一级处理与生物絮凝强化一

级处理相结合。达到了既对 SS 和 TP 有较高的去除率，又能较好地去除 COD$_{cr}$ 和 BOD$_5$ 的目的。工艺流程如图 2-18 所示。

图 2-18　化学 – 生物联合絮凝强化一级处理流程图

此方法是以化学强化絮凝沉淀为主，生物絮凝沉淀为辅，在处理过程中取长补短，既可以减少投药量、降低处理成本，又可以减少污泥产生量，在采用空气混合絮凝反应的情况下，处理系统可灵活多变，根据具体情况既可采用化学强化一级处理、生物絮凝吸附强化一级处理，又可采用化学 – 生物联合絮凝强化一级处理，以适应不同时期水质水量的变化。郑兴灿等采用化学 – 生物絮凝强化一级处理技术对城市污水进行处理研究，研究结果表明：COD$_{cr}$ 和 BOD$_5$ 去除率高达 80%，SS 去除率为 90%，TP 的去除率为 90%，TN 的去除率为 25%。显然联合强化一级处理比单一强化一级处理去除效果好得多。

2．微生物 – 无机絮凝剂强化一级处理

微生物絮凝剂是具有高效絮凝活性的微生物代谢产物，其化学本质主要是糖蛋白、多糖、蛋白质、纤维素和 DNA 等。例如 GS7、普鲁兰等都是微生物絮凝剂。微生物 – 无机絮凝剂强化一级处理技术采用微生物絮凝剂和无机絮凝剂共同作用处理污水。一般该类型微生物絮凝剂多呈负电荷，因此，单独作用对城市污水中带负电荷的悬浮物无絮凝效果，其与无机絮凝剂复配使用处理城市污水效果很好。

下面以普鲁兰 + 聚合氯化铝处理城市污水为例作一介绍：

普鲁兰 + 聚合氯化铝絮凝剂主要用于处理低浓度城市污水，其处理效果接近于常规二级处理。取进水 COD 浓度为 80 mg/L 的城市污水进行试验，试验表明，其最佳复配比为 0.6 mg/L 普鲁兰 +15 mg/L 聚合氯化铝，最佳絮凝动力学条件为同时投加普鲁兰和聚合氯化铝，在 250 r/min 的速度下快速搅拌 1 min，再以 60 r/min 的速度慢速搅拌 10 min，相应的 G 值为 23 s$^{-1}$，Gt 值为 $1.4 \times 10^4$，最佳沉淀时间为 30 min，处理效果见表 2-6。

表 2-6　普鲁兰与聚合氯化铝复配处理城市污水的处理效果

| 污染物种类 | 进水浓度（mg/L） | 出水浓度（mg/L） | 去除率（%） |
|---|---|---|---|
| $COD_{Cr}$ | 80.2 | 33.4 | 58.4 |
| $NH_3-N$ | 10.7 | 9.08 | 15.1 |
| TP | 29.28 | 2.73 | 90.7 |

　　微生物 - 无机絮凝剂具有处理效果好、投加量少、适用面广、絮体易于分离等优点，而且，由于微生物絮凝剂部分替代了无机絮凝剂，这对改善化学污泥性质，实现污泥处理与处置的无害化和多样化大有裨益。该技术尤其适用于我国南方低浓度城市污水处理。

# 第三章　城市污水处理工艺

## 第一节　一级污水处理工艺

污水处理工艺指在达到所要求处理程度的前提下，污水处理各操作单元的有机组合，确定各处理构筑物的形式，以达到预期的处理效果。

污水处理工艺流程由完整的污水处理系统和污泥处理系统组成。污水处理系统包括一级处理系统、二级处理系统和深度处理系统。

污水一级处理是由格栅、沉砂池和初次沉淀池组成，其作用是去除污水中的固体污染物质，从大块垃圾到颗粒粒径为数毫米的悬浮物。污水中的 BOD 通过一级处理能够去除 20% ~ 30%。

污水二级处理系统是污水处理系统的核心，它的主要作用是去除污水中呈胶体和溶解状态的有机污染物。通过二级处理，污水中的 BOD 可以降至 20 ~ 30 mg/L，一般可达到排放水体和灌溉农田的要求。各种类型的污水生物处理技术，如活性污泥法、生物膜法以及自然生物处理技术，因此，只要运行正常都能够取得良好的处理效果。

经过二级处理以后的污水中仍然含有一部分污染物。一般来说，二级处理后的污水水质虽然能够满足污水综合排放标准。但是有些时候，为了保证受纳水体不受污染或是为了满足污水再生回用的要求，就需要对二级处理出水进行更进一步处理，以降低悬浮物和有机物，并去除氮磷类营养物质，这就是污水的深度处理。

污泥是污水处理过程的副产品，也是必然的产物，如从初次沉淀池排出的沉淀污泥，从生物处理系统排出的生物污泥等。这些污泥应加以妥善处置，否则会造成二次污染。在污水处理系统中，对污泥的处理多采用由厌氧消化、脱水、干化等技术组成的系统。处理后的污泥已经去除了其中含有的细菌和寄生虫卵，可以用作农业肥料。

污水处理工艺的组合应遵循先易后难、先简后繁的规律，即首先去除大块垃圾和漂浮物质，然后再依次去除悬浮固体、胶体物质及溶解性物质。亦即，首先使用物理法，然后再使用化学法和生物处理法。

选择污水处理工艺时，工程造价和运行费用也是工艺流程选择的重要因素。当然，处理后水应当达到的水质标准是前提条件。以原污水的水质、水量及其他自然状况为已知条件，以处理后水应达到的水质标准为约束条件，以处理系统最低的总造价和运行费用为目标函数，建立三者之间的相互关系。

减少占地面积也是降低建设费用的重要措施，从长远考虑，它对污水处理工程的经济效益和社会效益有着重要的影响。

当地的地形、气候等自然条件也对污水处理工艺流程的选定具有一定的影响。在寒冷地区应当采用低温季节也能够正常运行，并保证取得达标水质的工艺，而且处理构筑物都应建在露天，以减少建设和运行费用。

对污水处理工艺流程的选择还应与处理后水的受纳水体的自净能力及处理后污水的出路有关。根据水体自净能力来确定污水处理工艺流程，既可以充分利用水体自净能力，使污水处理工程承受的处理负荷相对减轻，又可防止水体遭受新的污染，破坏水体正常的使用价值。不考虑水体所具有的自净能力，任意采用较高的处理深度是不经济的，将会造成不必要的投资。

处理后污水的出路，往往是取决于该污水处理工艺的处理水平。如果处理后污水的出路是农田灌溉，则应使污水经二级生化处理后在确定无有毒物质存在的情况下考虑排放；如污水经处理后回用于工业生产，则处理深度和要求根据回用的目的不同而异。

一级污水处理工艺的作用是去除污水中的固体污染物质，对污水中的 SS 去除率一般为 40% ～ 55%，对有机物去除率为 20% ～ 30%。其工艺流程框图如图 3-1 所示。

图 3-1　一级污水处理工艺

污水一级处理构筑物主要包括粗细格栅、沉砂池和初次沉淀池。对污水中有机物去除率不高，是作为二级污水处理工艺的预处理。对于一次性建设二级污水处理工艺有困难的地区，这时可以考虑分期建设，一期先建成一级污水处理工艺，等经济条件具备后，再完成后续二级处理构筑物的建设。例如，哈尔滨文昌污水处理厂一期工程就是采用一级污水处理工艺，将污水进行预处理后排放；二期工程则建成了完善的二级污水处理工艺。

一级强化污水处理工艺指对一级污水处理工艺的强化。实际上是将给水处理一直采用的混凝沉淀工艺用于污水处理。一级强化污水处理工艺流程框图如图3-2所示。

图3-2　一级强化污水处理工艺流程

一级强化污水处理工艺比一级污水处理工艺中初沉池效率显著提高，SS可去除70%～80%，BOD、COD可去除40%～50%，对于有机浓度低的污水，出水水质接近排放标准。新的国家标准规定非重点控制流域和非水源保护区的建设的建制镇的污水处理厂，根据经济条件和水污染控制要求，其可采用一级强化污水处理工艺，但必须预留二级处理设施的位置，分期达到二级标准。

# 第二节　二级污水处理工艺

二级污水处理工艺的主要作用是去除污水中呈胶体和溶解状态的有机污染物。污水厂二级处理工艺流程框图大体如图3-3所示。

图3-3　二级污水处理工艺

污水厂二级污水处理工艺大致包括活性污泥法、生物膜法等。

## 一、活性污泥法

自然界广泛地存活着大量的有机物生活的微生物，微生物可以通过其本身新陈代谢的生理功能，能够氧化分解环境中的有机物并将其转化为稳定的无机物。污水的生物处理技术就是利用微生物的这一生理功能，并采取一定的人工技术措施，创造有利于微生物生长、繁殖的良好环境，加速微生物的增殖及其新陈代谢生理功能，从而使污水中的有机污染物得以降解、去除污水处理技术。

活性污泥法是一种应用最广的污水好氧生物处理技术。活性污泥处理系统是由曝气池、二次沉淀池、曝气系统以及污泥回流系统等组成。

曝气池与二次沉淀池是活性污泥系统的基本处理构筑物。由初次沉淀池流出的污水与从二次沉淀池底部回流的活性污泥同时进入曝气池，其混合体称为混合液。在曝气的作用下，混合液得到足够的溶解氧并使活性污泥和污水充分接触。污水中的可溶性有机污染物被活性污泥吸附并为存活在活性污泥上的微生物群体所分解，使得污水得以净化。其在二次沉淀池内，活性污泥与已被净化的污水分离，处理后的水体排放，活性污泥在污泥区内进行浓缩，并以较高的浓度回流进入曝气池。由于活性污泥不断地增长，部分污泥作为剩余污泥从处理系统中排出，也可以送往初次沉淀池，提高初次沉淀池沉淀效果。

活性污泥法在开创的初期，所采用的流程被称为传统活性污泥法，曝气池呈狭长方形，污水在池中的流型和混合特征：从一端流入，从另一端流出，污水与回流污泥入池后仅进行横向混合，而前后互不相混，以一定流速推流前行，故称为"推流式"。近年来，在改良的活性污泥法中，出现一种新的流型和混合特征，即污水和回流污泥进入曝气池后，立即与池中原有混合液充分混合，这就是"完全混合式"。无论推流式还是完全混合式活性污泥法，或者其他改良的活性污泥法，其实质都是以存在于污水中的有机物作为培养基，在有氧的条件下，对各种微生物群体进行混合连续培养，通过凝聚、吸附、氧化分解、沉淀等过程去除污染物的一种方法。

活性污泥法具有几种常用的运行方式，包括传统活性污泥法、阶段曝气法、生物吸附法、完全混合法与延时曝气法。

## 二、生物膜法

污水中的生物膜处理法是和活性污泥法并列的一种好氧生物处理技术。该种处理方法是使得细菌和原生动物、后生动物一类的微型动物在滤料或者某些载体上生长发育，形成膜状生物性污泥生物膜。通过与污水的接触，生物膜上的微生物摄取污水中的有机污染物作为营养，从而使污水得到净化。生物膜法是污水处理的另一种方法，通过选择合适的生物载体，可以提高污水处理能力。生物膜法包括生物滤池、生物转盘和生物接触氧化。

生物膜法的主要特点有：

（1）参与净化反应的微生物种类的多样化，沿着水流方向每段都能自然形成独特的优势微生物，生物膜上的食物链长，而且能够生长硝化菌；

（2）不产生污泥膨胀问题，易于固液分离；

（3）对水质、水量的冲击负荷有较强的适应性；

（4）在低温情况下，也能够保持一定的净化功能；

（5）能够处理低浓度的污水；

（6）运行管理较为方便，动力消耗小；

（7）产生的污泥量少，一般来讲，生物膜工艺产生的污泥量较活性污泥能够少 1/4；

（8）具有较好的硝化和脱氮功能。

# 第三节　三级污水处理工艺

三级污水处理工艺继二级污水处理工艺之后，进一步处理二级处理过的难降解的有机物、氮、磷等能够导致水体富营养化的可溶性无机物，主要方法有生物脱氮除磷法、混凝沉淀法、砂滤法、活性炭吸附法、离子交换法和电渗析法等。

## 一、缺氧—好氧生物脱氮工艺（$A_1/O$）

城市污水中的氮主要以有机氮、氨氮两种形式存在，硝态氮含量很低，其中，有机氮为30%～40%，氨氮为60%～70%，亚硝酸盐氮和硝酸盐氮仅为0%～5%。水环境污染和水体富营养问题的日益突出使越来越多的国家和地区制定更为严格的污水排放标准。

1. 生物脱氮原理

在自然界中存在着氮循环的自然现象，在采取适当的运行条件后，城市污水中的氮会发生氨化反应、硝化反应和反硝化反应。

（1）氨化反应。指在氨化菌的作用下，有机氮化合物分解、转化为氨态氮。

（2）硝化反应。在硝化菌的作用下，氨态氮分两个阶段进一步分解、氧化，首先在亚硝化菌的作用下，氨转化为亚硝酸氮。

（3）反硝化反应。在反硝化菌的代谢下，其有两个转化途径，即同化反硝化（合成），最终产物为有机氮化合物，成为菌体的组成部分。

2．$A_1/O$ 工艺流程

$A_1/O$ 法脱氮是于 20 世纪 80 年代初期开创的工艺流程，又被称为"前置式反硝化生物脱氮系统"，这是目前采用较为广泛的一种脱氮工艺。工艺流程如图 3-4 所示。

图 3-4 缺氧 – 好氧活性污泥法脱氮系统

$A_1/O$ 法脱氮工艺流程的反硝化反应器在前，BOD 去除、硝化二项反应的综合反应器在后。反硝化反应是以原污水中的有机物为碳源的，在硝化反应器内的含有大量硝酸盐的硝化液回流到反硝化反应器，由此进行反硝化脱氮反应。

3．结构特点

$A_1/O$ 工艺由缺氧段与好氧段两部分组成，两段可分建，也可合建于一个反应器中，但中间用隔板隔开。其中，缺氧段的水力停留时间为 0.5～1 h，溶解氧小于 0.5 mg/L。同时，为加强搅拌混合作用，防止污泥沉积，应设置搅拌器或水下推流器，功率一般为 10 W/m³。

## 二、厌氧—好氧生物除磷工艺（$A_2/O$ 工艺）

城市污水中总磷含量在 4～15 mg/L，其中有机磷为 35% 左右，无机磷为 65% 左右，通常都是以有机磷、磷酸盐或聚磷酸盐的形式存在污水中。

1．生物除磷原理

生物除磷是依靠回流污泥中聚磷菌的活动进行的，聚磷菌是活性污泥在厌氧、好氧交替过程中大量繁殖的一种好氧菌，虽竞争能力很差，却可以在细胞内贮存聚羟基丁酸和聚磷酸盐。在厌氧—好氧过程中，聚磷菌在厌氧池中为优势菌种，构成了活性污泥絮体的主体，它吸收分子的有机物，同时将贮存在细胞中 R 聚磷酸盐中的磷，通过水解而释放出来，并提供必需的能量。而在随后的好氧池中，聚磷菌所吸收的有机物将被氧化分解并提供能量，同时从污水中摄取比厌氧条件所释放的更多的磷，在数量上远远超过其细胞合成所需磷量，将磷以聚磷酸盐的形式贮藏在菌体内，而形成高磷污泥，通过剩余污泥系统排出，因而，可获得较好的除磷效果。

因生物除磷系统的除磷效果与排放的剩余污泥量直接相关，剩余污泥量又取决于系统的泥龄。

2．$A_2/O$ 工艺流程

$A_2/O$ 工艺由前段厌氧池和后段好氧池串联组成，如图 3-5 所示。

图 3-5　$A_2/O$ 除磷工艺流程图

在 $A_2/O$ 工艺系统之中，微生物在厌氧条件下将细胞中的磷释放，然后进入好氧状态，并在好氧条件下能够摄取比在厌氧条件下所释放的更多的磷，即利用其对磷的过量摄取能力将含磷污泥以剩余污泥的方式排出处理系统之外，从而降低处理出水中磷的含量。尤其对于进水磷与 BOD 比值很低的情况下，能取得很好的处理效果。但在磷与 BOD 比值较高的情况下，由于 BOD 负荷较低，剩余污泥量较少，因而，比较难以达到稳定的运行效果。

3．结构特点

$A_2/O$ 工艺由厌氧段和好氧段组成，两段可分建，也可合建，在合建时两段应以隔板隔开。厌氧池中必须严格控制厌氧条件，厌氧段水力停留时间为 1 ~ 2 h。好氧段结构形式与普通活性污泥法相同，且要保证溶解氧不低于 2 mg/L，水力停留时间 2 ~ 4 h。

## 三、厌氧—缺氧—好氧生物脱氮除磷工艺（$A^2/O$ 工艺）

$A^2/O$ 工艺是厌氧—缺氧—好氧生物脱氮除磷工艺的简称，该工艺可具有同时脱氮除磷之功能。

1．生物脱氮除磷原理

生物脱氮除磷是将生物脱氮和生物除磷组合在一个流程中，污水首先进入首段厌氧池，与同步进入的从二沉池回流的含磷污泥混合，本池主要功能为释放磷，使污水中磷的浓度升高，溶解性有机物被微生物细胞吸收而导致污水中 BOD 浓度下降。

2．$A^2/O$ 工艺流程

$A^2/O$ 工艺流程图如图 3-6 所示。

图3-6 A²/O脱氮除磷工艺流程图

如图所示，A²/O工艺是通过厌氧、缺氧、好氧三种不同的环境条件与不同种类微生物菌群的有机配合，达到去除有机物、脱氮和除磷的功能。

3．构造特点

A²/O工艺由厌氧段、缺氧段、好氧段三部分组成，三部分可以是独立的构筑物，也可以建在一起，用隔板互相隔开。厌氧区和缺氧区缓速搅拌，防止污泥沉降，并避免搅拌过度造成氧的融入。厌氧区溶解氧＜0.2 mg/L，水力停留时间约1 h；缺氧区溶解氧＜0.5 mg/L，水力停留时间1 h。好氧段结构类型与传统活性污泥相同，水力停留时间3～4 h，溶解氧浓度＞2 mg/L。

## 四、氧化沟工艺

氧化沟也称为氧化渠，又称循环曝气池，是活性污泥法的改良与发展，是20世纪50年代荷兰卫生工程研究所首先研究开发出来的。

1．工艺原理

氧化沟工艺的曝气池呈封闭的沟渠形，池体狭长，可达数十甚至百米以上，曝气装置多采用表面曝气器，污水和活性污泥的混合液在其中不停地循环流动，有机物质被混合液中的微生物分解。该工艺对水温、水质和水量的变动有较强的适应性，BOD负荷低，污泥龄长，反应器内可存活硝化细菌，发生硝化反应。在流态上，氧化沟介于完全混合与推流之间，氧化沟内流态是完全混合式的，但又具有某些推流式的特性，如在曝气装置的下游，溶解氧浓度从高向低变动，甚至可能出现缺氧段。氧化沟这种独特的水流状态，有利于活性污泥的生物凝聚作用，而且可以将其区分为富氧区、缺氧区，用以进行硝化和反硝化，以便达到脱氮的目的。

2．工艺流程

如图3-7所示为以氧化沟为生物处理单元的废水处理流程。

图 3-7　氧化沟工艺流程图

如图 3-7 可见，氧化沟的工艺流程比一般生物处理流程简化，这是由于氧化沟水力停留时间和污泥龄长，悬浮物和可溶解有机物可同时得到较彻底去除，排除的剩余污泥已得到高度稳定，因此，氧化沟不设初沉池，污泥不需要进行厌氧消化。

3．构造特点

氧化沟工艺设施由氧化沟沟体、曝气设备、进出水设施、系统设施组成。

（1）沟体。氧化沟沟体主要分两种布置形式，即单沟式和多沟式。一般呈环状沟渠形，也可呈长方形、椭圆形、马蹄形、同心圆形等，以及平行多渠道和以侧渠做二沉池的合建形等。其四周池壁可以用钢筋混凝土建造，也可原土挖沟衬素混凝土或三合土砌成，断面形式有梯形和矩形等。

（2）曝气设备。有供氧、充分混合、推动混合液不断循环流动和防止活性污泥沉淀的功能，常用的有水平轴曝气转刷和垂直轴表面曝气器。

（3）进出水装置。进水装置简单，只有一根进水管，出水处应设可升降的出水溢流堰。

（4）配水井。两个以上氧化沟并行工作时，应设配水井以保证均匀配水。

（5）导流墙。氧化沟转折处设置薄壁结构导流墙。

## 五、SBR 活性污泥法工艺

序批式活性污泥法，又称间歇式活性污泥法，简称为 SBR 法，是间歇运行的污水生物处理工艺。该工艺形式最早应用于活性污泥法，近些年来，该工艺的研究与应用日益广泛。

1．工艺原理

SBR 法的工艺设施是由曝气装置、上清液排出装置及其他附属设备组成的反应器。SBR 对有机物的去除机理为：在反应器内预先培养驯化——定量的活性微生物（活性污泥），当废水进入反应器与活性污泥混合接触并有氧存在时，微生物利用废水中的有机物进行新陈代谢，将有机污染物转化成二氧化碳和水等无机物，同时微生物细胞增殖，最后将微生物细胞物质（活性污泥）与水沉淀分离，废水得以处理。

SBR 法不同于传统活性污泥法的流态及有机物降解是空间上的推流，该工艺在流态上属于完全混合型；而在有机物降解方面，有机基质含量随着时间的进展而逐渐降解。该工艺是由一个或多个 SBR 反应器——曝气池组成的，曝气池的运行操作是由流入、反应、沉淀、排放、待机（闲置）等 5 个工序组成。

2．工艺流程

SBR 法工艺流程如图 3-8 所示。

图 3-8　SBR 工艺流程

SBR 按进水方式分为间歇运行和连续进水，按有机物负荷分为高负荷运行和低负荷运行。该工艺系统组成简单，一般不需要设置调节池，可省去初次沉淀池，无二沉池和污泥回流系统，基建费用低且运行维护管理方便；该工艺耐冲击负荷能力强，一般不会产生污泥膨胀且运行方式灵活，同时，具有去除有机物和脱氮除磷功能。

（1）鼓风设备。SBR 工艺多采用鼓风曝气系统提供微生物生长所需空气。

（2）曝气装置。SBR 工艺常用的曝气设备为微孔曝气器，微孔曝气器可以分为固定式和提升式两大类。

（3）滗水器。SBR 工艺最根本的特点是单个反应器的排水形式均采用静止沉淀，集中排水的方式运行，为了保证排水时不会扰动池中各个水层，可使排出的上清液始终位于最上层，要求使用一种能随水位变化而可调节的出水堰，又称为撇水器。滗水器有多种类型，其组成为集水装置、排水装置及传动装置。

（4）水下推进器。水下推进器的作用是搅拌和推流，一方面使混合液搅拌均匀；而另一方面，在曝气供氧停止，系统转至兼氧状态下运行时，能使池中活性污泥处于悬浮状态。

（5）自动控制系统。SBR 采用自动控制技术，把用人工操作难以实现的控制通过计算机、软件、仪器设备的有机结合自动完成，并创造满足微生物生存的最佳环境。

## ■ 六、LINPOR 工艺

LINPOR 工艺是一种传统活性污泥法的改进工艺，是通过在传统工艺曝气池中投加一定数量的多孔泡沫塑料颗粒作为活性微生物的载体材料而实现的。LINPOR 工艺有三种不同的方式：LINPOR-C 工艺、LINPOR-C/N 工艺、

LINPOR-N 工艺。

### 1. LINPOR-C 工艺

如图 3-9 所示为 LINPOR-C 工艺流程图，主要由曝气池、二沉池、污泥回流系统和剩余污泥排放系统等组成。该工艺中的微生物由两部分组成，一部分附着生长于多孔塑料泡沫上，另外一部分则悬浮于混合液中呈游离状。在运行过程中，附着的生物体被设置在曝气池末端的特制格栅所截留，而处于悬浮态的活性污泥则可穿过格栅而随出水流出曝气池，在二沉池进行泥水分离后进行污泥回流。

图 3-9  LINPOR-C 工艺流程图

LINPOR-C 反应器几乎适用于所有形式的曝气池，因而，特别适用于对超负荷运行的城市污水和工业废水活性污泥法处理厂的改造。

### 2. LINPOR-C/N 工艺

LINPOR-C/N 工艺具有同时去除废水中 C 与 N 的双重功能，与 LINPOR-C 工艺之差别在于有机负荷：在 LINPOR-C/N 工艺中，由于存在较大数量的附着生长型硝化细菌，可获得良好的硝化效果。此外，LINPOR-C/N 工艺可获得良好的反硝化效果，脱氮效率可达 50% 以上，这是因为附着在载体填料表面的微生物在运行过程中其内部存在良好的缺氧区（环境），而塑料泡沫的多孔性，使得在载体填料的内部形成无数个微型的反硝化反应器，达到在同一个反应器中同时发生碳化、硝化和反硝化的作用。图 3-10 所示为 LINPOR-C/N 工艺组成及运行方式。

图 3-10  LINPOR-C/N 工艺流程图

### 3．LINPOR-N 工艺

LINPOR-N 工艺十分简单，可在有机底物极低甚至不存在情况下对废水实现良好的氨氮去除，常用于对经二级处理后的工业废水和城市污水的深度处理。传统工艺中二沉池的出水中所含有的有机物通常是比较低的，具有适合于硝化菌生长的良好环境条件，不存在异养菌和硝化菌的竞争作用，所以在 LINPOR-N 工艺中，处于悬浮生长的生物量几乎不存在，而只有那些附着生长于载体表面的生物才能生长繁殖。该工艺有时也被称为"清水反应器"，运行过程中无须污泥的沉淀分离和污泥的回流，从而可节省污泥沉淀分离及污泥回流设备，这是一种经济的深度处理工艺。

## 七、其他主要污水处理工艺

### 1．UCT 工艺

在普通工艺中，进入厌氧池的回流污泥含有硝态氮，它们势必优先利用原污水中的易降解碳源，影响聚磷菌对碳源的利用，降低生物除磷效率。为此，对普通工艺加以改进，将污泥回流到缺氧池，经过脱氮后再从缺氧池末端回流到厌氧池，即可消除硝态氮对除磷的不利影响。改进后的工艺称为 UCT 工艺，流程如图3-11 所示。

图 3-11　UCT 工艺流程框图

当 C/N 比和 C/P 比很高时，碳源充足，回流到厌氧池的污泥中的硝态氮即使优先利用部分易降解碳源，不会影响聚磷菌对碳源的需求，这时采用 UCT 工艺显示不出优越性。

### 2．UNITANK

UNITANK 工艺是在三沟式氧化沟的基础上开发出来的，其流程如图3-12 所示。

图 3-12 UNITANK 工艺流程框图

UNITANK 有以下两点改进：

（1）改氧化沟为矩形池，改转刷为鼓风曝气或其他形式曝气，反应池之间的隔墙相连，多个反应池可连成一片，水深不受曝气转刷限制，有的可深达 8 m，因而占地面积大大减小，是目前占地面积最小的城镇污水处理工艺之一。

（2）出水可调堰可改为固定堰，节省大量设备费用。UNITANK 保留了三沟式氧化沟连续进水、连续出水、常水位运行、具有脱氮功能、流程十分简化等优点，同时，也还存在容积利用率低、设备闲置率高、除磷功能差等不足，要求除磷时需采用化学除磷。

3．ICEAS

传统 SBR 是间歇进水，切换频繁，且至少需要 2 池以上来回倒换，很不方便，于是出现了连续进水的 ICEAS 工艺，其流程如图 3-13 所示。

图 3-13 ICEAS 工艺流程框图

ICEAS 工艺的主要改进是在反应池中增加一道隔墙，其将反应池分割为小体积的预反应区和大体积的主反应区，污水连续流入预反应区，然后通过隔墙下端的小孔以层流速度进入主反应区。当主反应区沉淀灌水时，来自预反应区的水流沿池底扩散，对原有的池液基本上不造成搅动，由此，主反应区仍可按反应、沉淀、灌水的程序运行。

4．DAT-IAT

ICEAS 工艺的容积利用率不够高，一般不超过 60%，反应池没有得到充分利用，相当一段时间曝气设备闲置。为了提高反应池和设备的利用率，开发出 DAT-

IAT 工艺，其流程如图 3-14 所示。

图 3-14 DAT-IAT 工艺流程框图

这种工艺用隔墙将反应池分为大小相同的两个池，污水连续进入 DAT，在池中连续曝气，然后通过隔墙以层流速度进入 IAT，在此池中按曝气、沉淀、排水周期运行，整个反应池容积利用率可达到 66.7%，减小池容和建设费用。这种工艺的不足之处是脱氮不如 ICEAS 方便，除磷功能较差。

5. CAST（CASS）

CAST 工艺是 SBR 工艺中脱氮除磷的一种，是专门为脱氮除磷开发的，其工艺流程如图 3-15 所示。

图 3-15 CAST（CASS）工艺流程框图

CAST 的最大改进是在反应池前段增加一个选择段，污水首先进入选择段，与来自主反应区的回流混合液（20% ~ 30%）混合，在厌氧条件下，选择段相当于前置厌氧池，为高效除磷创造条件。

CAST 的另一个特点是利用同步硝化反硝化原理脱氮，在主反应区，反应时段前期控制溶解氧不大于 0.5 mg/L，其处于缺氧工况，利用池中原有的硝态氮反硝化，然后利用同步硝化产生的硝态氮反硝化，到反应时段后期，加大充氧量，使主反应区处于好氧工况，完成生物除磷反应，并保证出水有足够的溶解氧。

CAST 工艺设计和运行管理简单，处理效果稳定，已被多座中小型污水处理厂所采用。

6. MSBR

SBR 具有流程简单、占地省、处理效率高等优点，但该工艺的间歇进水、间歇排水、变水位运行、设备和池容利用率不高等缺陷影响了推广使用，而且多数 SBR 工艺的除磷效果不够理想，于是开发出 MSBR 工艺，流程如图 3-16

所示。

图 3-16　MSBR 工艺系统图

　　MSBR 工艺是一个组合式一体化结构，在这个结构中有功能不同的分区，分别完成好氧、缺氧、厌氧、沉淀、排水、污泥浓缩、回流等功能，实现生物氧化、脱氮除磷，特别对含氮、磷高的污水有较好的脱氮除磷效果，克服了一般 SBR 工艺的不足，具有连续进水、连续出水、常水位运行、池容和设备利用率高等优点，是 SBR 工艺发展中的新尝试，已在深圳市盐田污水处理厂应用。

　　从图 3-16 还可以看出，MSBR 的结构复杂，各种设备较多，操作管理起来也比较麻烦，也有待进一步优化改进。

　　7. BIOLAK 工艺

　　这是一种可以采用土池结构的工艺。BIOLAK 工艺主要使用 HDPE（高密度聚乙烯）防渗层铺底，隔绝污水和地下水，曝气头悬挂在浮于水面的浮动链上，不需在池底、池壁穿孔安装，水下没有固定部件，维修时不必排空池子，只需将曝气器提上来就行，浮动链被松弛地固定在曝气池两侧，每条浮动链可在池内一定区域做蛇行运动，其示意图如图 3-17 所示。

图 3-17 BIOLAK 工艺系统图

（a）曝气管悬挂示意图；（b）浮动链和曝气管摆动示意图

1—浮子；2—空气管；3—空气支管；4—曝气管

这种池型能因地制宜，很好适应现场地形，特别在地震多发地区和土质疏松地区具有优势。一般 BIOLAK 工艺是延时曝气，这种工艺可脱氮，其布置形式如图 3-18 所示。

图 3-18 BIOLAK 布置示意图

BIOLAK 池深 3～6 m，泥龄长达 30～70 d，污泥好氧稳定，不需再进行消化。二沉池可与曝气池合建，用隔墙隔开，回流污泥与剩余污泥从池底抽出，澄清水通过溢流器排出。从图 3-18 中可以看出，在 BIOLAK 池中形成多重缺氧区和好氧区，池中溶解氧呈波浪形变化，所以也叫波浪式氧化工艺。

BIOLAK 工艺是德国一家工程技术公司的专利技术，国外已有数百座污水处理厂在运行。

## 8. BIOFOR

BIOFOR 工艺是物化法与生化法相结合的工艺，物化法作为预处理，生化法是深度处理，出水水质优于一般二级出水，可以达到低质回用水标准。其工艺流程示意图如图 3-19（a）所示。

DENSANDEG 是化学强化一级处理装置，可将旋流沉砂、快速混凝、慢速反应以及斜板沉淀等多项功能集于一体，SS 和 BOD 去除率可分别达到 85 % 和 60%，为后续深度处理创造了条件。其流程示意如图 3-19（b）所示。

图 3-19　DENSANDEG +BIOFORI 艺流程框图

BIOFOR 起反应池和滤池的双重作用，既降解了有机物，又截留了悬浮固体，比二沉池的固液分离效果更好，出水直接达标排放，相当于一体化处理构筑物。

（1）可以生物脱氮，图 3-19（a）中后一个滤池是好氧池，发生硝化反应，前一个滤池是缺氧池，发生反硝化反应，相当于前置缺氧脱氮工艺，但一般需外加碳源。

（2）必须定时进行反冲洗，以去除脱落的生物膜和残留固体杂质，避免滤池系统堵塞，这是对传统接触氧化法的重大改进。

（3）滤料是用火山灰烧结制成，其具有很大的空隙率和比表面积，适宜的相对密度，良好的机械性能，耐腐蚀，可以附着大量生物膜，使滤池有很高的生物量，从而实现高速过滤。

### 9. BIOSTYR

BIOSTYR 也是曝气生物滤池，是威望迪一个子公司的专利技术。其基本原理与 BIOFOR 相同，整个流程由预处理和生物滤池两个单元组成，这两个单元都是成套的组合设备，布置非常紧凑，非常节省占地、出水水质很好，满足低质回用水的要求。

## 第四节　污水深度处理工艺

污水深度处理不同于污水三级处理。有时候为了达到污水回用或者其他特定的目的，需要对二级出水乃至三级出水进行进一步的处理，以降低悬浮物、有机物、氮磷等无机类物质，这就是污水深度处理工艺。

污水深度处理工艺应根据待处理二级或者三级出水的水质特点以及深度处理后的水质要求而确定。一般来讲，二级或者三级处理的出水含有少量的悬浮物和难以去除的色度、臭味和有机物，这和水处理中的微污染及低温、低浊原水有相近之处。因此，深度处理的工艺流程和给水处理的工艺流程有共同之处，然又不完全等同于常规的给水处理工艺。目前，污水深度处理技术中最常用的包括混凝、沉淀、过滤、膜分离等工艺。

### ■ 一、混凝

水质的混凝处理是向水中加入混凝剂，通过混凝剂水解产物来压缩胶体颗粒的扩散层，达到胶粒脱稳而相互聚积的目的；或者通过混凝剂的水解和缩聚反应而形成的高聚物的强烈吸附架桥作用，使得胶粒被吸附黏结。混凝处理的过程包括凝聚和絮凝两个阶段，凝聚阶段形成较小的微粒，之后再通过絮凝形成较大的颗粒，这种较大的颗粒在一定的沉淀条件下从水体中分离、沉淀出来。

混凝工艺的流程框图如图 3-20 所示。

图 3-20　混凝工艺流程图

配制好的混凝剂通过定量投加的方式加入原水中，并通过一定的方式实现水和药剂的快速均匀混合。然后，在絮凝反应池中通过凝聚和絮凝作用，使得微小的胶体颗粒形成较大的可沉淀的絮体。因污水的成分复杂多变，为了得到更好的混凝效果，混凝剂的选用、投量以及使用条件等需要通过试验确定。在设计时，应根据确定的混凝剂的种类和用量去选择合适的投加位置和投加方式，调制投加浓度，并选择合适的混合方法和设备。

1．混合

混合是将待处理水与混凝剂进行充分混合的工艺过程，这是进行混凝反应和沉淀分离的重要前提，混合过程应在药剂加入后迅速完成。

混合方式分为两大类：水力混合和机械混合。其中，水力混合包括管式混合、混合池混合和水泵混合。水力混合设备简单，但是对于流量的变化适应性差；机械混合能够适应流量的变化，但是设备较为复杂，维修工作量大。在设计中选用何种方式，应根据水质、水量、工艺形式、混凝剂种类和用量等多种因素综合考虑，并选择合适的方式。

2．絮凝反应

与药剂充分混合后的原水，进入絮凝反应池中进行絮凝反应，絮凝反应池主要起到絮凝的作用。

常用于污水深度处理的絮凝反应池可以分为水力絮凝反应池和机械絮凝反应池。絮凝反应池池型的选择应根据水质、水量、处理工艺，以及与前后构筑物的配合等因素综合考虑。

## 二、沉淀

城市污水处理厂的二级或者三级出水经过混凝反应后进入沉淀池，在沉淀池中完成固液分离。沉淀池形式主要有平流式沉淀池、辐流式沉淀池、竖流式沉淀池和斜板（管）式沉淀池。

## 三、过滤

污水处理厂的二级或三级出水经过混凝沉淀后，水中的污染物质虽然得到了进一步的去除，但仍然有一部分较为细小的颗粒和其他物质悬浮于水中，为了达到深度处理的目的，在混凝沉淀工艺以后应该设置过滤工艺。

## 四、膜分离技术

膜分离技术是利用一种半透膜作为分离介质，以压力差或浓度差作为推动力，在液体通过膜的同时，将其中的某些成分截留而达到固液分离的一种工艺。在水处理工艺中，通常是水流通过膜时得到处理过的水，将其他成分截留在膜后的浓缩液中。污水处理中常用的膜分离技术包括超滤和微滤。可以选用的膜种类有醋酸纤维素膜、聚砜膜、聚砜酰胺膜和芳香聚酰胺膜。

1．超滤

超滤膜通常是由一层极薄的致密表皮层和一层较厚的具有海绵结构的多孔层组成的不对称膜，膜的开孔率为60%，主要去除大分子、细菌、病毒和胶体状物质。超滤膜的分离机理是粒径大于膜孔径的颗粒物质被膜面机械截留，粒径略小于膜孔径的物质在孔中被截留而去除，部分溶质在膜表面和微孔内被吸附。

目前，在污水处理系统中引入超滤膜组件而形成的膜生物反应器已越来越为人们所关注。膜生物反应器的结构示意图如图3-21所示。膜生物反应器的特点如下。

图 3-21　膜生物反应器系统图

（1）固液分离效果好。用超滤代替以往的沉淀池，不但设备小，而且分离效果好，处理后水质稳定，出水可以直接回用。

（2）有机物分解率高。生物反应器中维持较高的污泥浓度，因此，有利于生长较慢的难降解有机物的微生物生存，会使得通常系统中难以生物代谢的物质也有可能被分解。同时，可使分解慢的有机物在反应器中的停留时间更长，其有利于难降解物质的分解。

（3）剩余污泥产生量少。

2．微滤

微滤膜属于深层过滤技术，通常采用对称膜结构，这种膜具有整齐、均匀的特点，且为多孔结构，微滤技术主要是依靠静压差的作用去除水中的微粒，以及细小的颗粒状物质。在 0.7～7 kPa 的操作压力下，小于膜孔径的粒子通过滤膜，比膜孔径大的粒子截留在膜表面。其作用机理有滤膜的机械截留作用、物理作用或吸附截留作用、架桥作用和膜内网格的截留作用。

微滤膜材料有醋酸纤维素膜（CA、CTA）、聚砜膜（PS、PSA）、尼龙等。微滤装置有小型吸滤机、板框式过滤器、微孔 PE 管过滤机等。

# 第五节  污水处理厂提标改造

城镇污水处理厂提标前，应首先对其服务范围内的污水水质、产生量展开核定。提标工程的原处理构筑物和新建构筑物的设计水质、水量应以核定后的污水水质、产生量为准。当核定后偏差大时，应在核实已建污水处理厂服务范围内的污水水质、产生量、偏差原因和已建处理构筑物的能力之后，再判断提标改造的必要性。

进水水质水量特性分析和出水水质标准要求是污水处理工艺方案选择的关键环节，也是我国当前污水处理工程设计中存在的薄弱环节之一。研究表明不同的城镇污水处理厂进水中可氨化和溶解性不可氨化有机氮成分、水温等水质特性都不相同。在技术改造方案确定前进行调研测试，提出有针对性的达标技术措施。

提标改造需要针对性地解决以下四个指标的达标问题：

（1）COD、BOD：将出水 COD、BOD 分别由 60 mg/L、20 mg/L 降低至 50 mg/L、10 mg/L。通过强化预处理与生物处理措施，提高对有机物的去除率。一般情况下，按照一级 B 出水标准设计的污水厂的出水有机物都能够达到一级 A 的出水水质，特殊情况下，可以采用投加粉末活性炭作为应急或补充措施；

（2）SS：将出水 SS 由 20 mg/L 降低至 10 mg/L，需对现有的二沉池出水进行进一步的处理，需要增加混凝、沉淀和过滤措施；通过高效沉淀或过滤措施，能够将出水 SS 控制在 10 mg/L 以内。

（3）$NH_3$–N：将出水由 5 mg/L 降低至 3 mg/L（或由 8 mg/L 降低至 5 mg/L），需要强化现有预处理和生物处理措施，如在生化池中加入膜组件构建膜生物反应器系统提供系统的硝化能力，或者通过增加曝气生物滤池（BAF）设施提高出水硝化效果。

（4）TN：将出水由 25 mg/L 降低至 15 mg/L，需要强化现有预处理和生物处理措施，必要时外加碳源提高反硝化效率。如果强化措施依然不能使 TN 达标的话，则需要考虑增加反硝化生物滤池。

综合上述分析，污水处理厂提标首先要立足于挖掘现有处理设施的潜力，在此基础上再针对难以达标的水质指标，由此增加相应的处理设施，经济合理地使出水达标后排放。

# 第四章 城市污水回用

## 第一节 城市污水回用概述

### ■ 一、我国水资源现状

水是人类生存的基础，是经济发展和社会进步的必要条件。虽然我国水资源总量约 $28000 \times 10^8 m^3$，居世界第六位，但我国人口占世界的 21%，人均占有地表水资源 $2700 m^3$，仅为世界人口占有量的 1/4，是世界上 13 个缺水国家之一。2000 年地表水资源量 $26562 \times 10^8 m^3$，2000 年总供水量 $5531 \times 10^8 m^3$，其中地表水源供水量占 80.3%，地下水源供水量占 19.3%，其他水源供水量占 0.4%。2000 年总用水量 $5498 \times 10^8 m^3$，人均综合用水量为 $430 m^3$，城镇生活用水占 5.2%，万元生产总值用水量为 $610 m^3$。同时，国内水资源浪费现象严重，农业用水利用率仅 40% ～ 50%，工业用水重复利用率为 20% ～ 40%，单位产品用水定额往往比发达国家高 10 倍以上。

同时，我国淡水资源的分布很不均匀，总体上说是东南多、西北少，长江流域和江南地区拥有全国 70% 的水资源；而淮河以北的近 2/3 的国土，径流量只占全国的 1/6。当前，全国 600 多个城市中有一半的城市缺水，其中 185 个城市严重缺水，每年缺水造成的工业生产损失高达 200 多亿元。从我国长远的发展来看，据有关专家分析，当 2050 年我国人口达到 16 亿顶峰、经济发展达到中等发达国家水平时，全国总需水量将达到 8500 ～ $9000 \times 10^8 m^3/a$，其中农业需水量 4300 ～ $4400 \times 10^8 m^3/a$（不包括农村人、畜用水量），2030—2050 年城乡生活用水量将达到 1200 ～ $1500 \times 10^8 m^3/a$，工业用水即使考虑节水效果仍将达到 2100 ～ $2300 \times 10^8 m^3/a$。对比我国 2050 年需水量与 2000 年总用水量 $5498 \times 10^8 m^3/a$，以及专家估计的我国最大可持续利用水资源量 10000 ～ $11000 \times 10^8 m^3/a$（可供水量按水资源总量 30% ～ 40% 计算）或 $6000 \times 10^8 m^3/a$（按总量 20% 计算），不难得出我国取水量已接近或者将超过水资源开发的安全极限。因此，不能不说这是一个极其危险的缺水信号，我们有必要合理开发和利用水资源。

此外，我国水资源污染状况也相当严重。据中国环境公报 2002 年统计表明，我国七大水系中辽河、海河水系污染最为严重，劣 V 类水体占 60% 以上；淮河干流为 Ⅲ～Ⅴ 类水体，支流及省界河段水质仍然较差；黄河水系总体水质较差，干流水质以 Ⅲ～Ⅳ 类水体为主，支流污染普遍严重；松花江水系以 Ⅲ～Ⅳ 类水体为主；珠江水系水质总体良好，以 Ⅱ 类水体为主；长江干流及主要一级支流水质良好，以 Ⅱ 类水体为主。七大水系污染程度由重到轻依次为：海河、辽河、黄河、淮河、松花江、珠江、长江。十大淡水湖也受到了有机物、氮磷的严重污染，主要湖泊富营养化问题依然突出。滇池草海为重度富营养状态，太湖和巢湖为轻度富营养状态。这些水环境的污染进一步加剧了水资源的短缺。

由上可见，随着经济的增长和社会的发展，人们对水的需求迅速增长，我国在水质、水量两方面都已经出现严重的供求矛盾，缺水已经阻碍和制约着我国国民经济持续发展。对此，除积极开发新的水资源、严格控制水污染及积极开展节水措施之外，城市污水的回用也是缓解水资源紧张的有效措施。

城市污水回用是指将污水化为水资源予以科学利用。具体地讲，它是将城市污水加以处理再生后回用于可用再生水的地方去，从而把干净的优质原水取代下来，以污代清，节约优质水，使好水得以养息。城市污水回用可以使污水成为工农业生产、城市建设和人民生活等领域的第二水源，不仅仅具有可观的经济效益，同时，还有很好的社会、环境效益，是我国实施水资源可持续利用的重要途径。

## ▎二、城市污水回用的紧迫性及可行性

20 世纪 70 年代以来，水资源的开发利用出现了新的问题：

（1）水资源出现了短缺，所谓短缺是指相对水资源需求而言，水资源供给不能满足生产生活的需求，导致生产开工不足，饮用发生危机，造成了巨大社会经济损失，逐渐显现出水资源是国民经济持续快速健康发展的"瓶颈"，水资源产业是国民经济基础产业，优先发展它是一种历史的必然的趋势；

（2）工农业生产和人民生活过程中排放出大量的污水，它们一方面污染了水源，导致水资源功能下降，使本来就具有的水资源供需矛盾更加尖锐，给经济环境带来极大影响，严重地制约着经济社会的可持续发展；另一方面，为了缓解水资源的供需矛盾和日益严重的水环境恶化的世界性难题，污水处理回用已迫在眉睫。

中水主要是指城市污水或生活污水经处理后达到一定的水质标准、可在一定范围内重复使用的非饮用杂用水，其水质介于上水与下水之间，是水资源有效利用的一种形式。开展中水回用工作，已显现出另开辟水源和减轻水污染的双重功能。

自 2000 年 5 月份以来，我国北方地区百年不遇的大旱，使许多水库河流出现从来没有过的枯干和断流，400 多个城市严重缺水，已有 150 个城市先后开始实行定时限量供水，严重影响了城市的可持续发展。

在城市闹水荒的同时，和城市供水量几乎相等的城市污水却白白流失，既污染了环境，又浪费了水资源。城市污水就近可得，污染比海水轻得多，处理技术已过关且费用不高，作为第二水源要比长距离引水来得实际。污水回用具备缓解城市水荒的能力，国外污水回用很早就已开始，且规模都很大。日本 20 世纪 60—70 年代经济复兴就是靠污水回用解决了水的需求矛盾。美国加州朗朗晴天，降雨量很少，污水回用已被工业和老百姓欣然接受，且是随处可见的事实。

我国的污水回用起步较晚，但近几十年，尤其是"六五"计划以来有了长足的发展。"七五""八五""九五"国家攻关都将城市污水回用列入课题，积累了多年的实践经验并有了一定的科学理论研究成果，取得了污水回用的成套技术成果，所有这些都将为我国城市污水回用提供可用、成熟的技术和工程经验，我国城市污水回用事业在技术上是完全可行的。

城市污水回用采取分区集中回收再用，一方面可以有利于提高城市（包括工业企业）水资源的综合经济效益，与目前开发其他水资源相比具有较大的经济优势；另一方面污水回用还可以产生诸多间接经济效益。

## ■ 三、城市污水回用现存主要问题及对策

**1．现行城市自来水价格过低**

目前水价格过低，使人们对水资源缺乏这一现实认识不够，而且面对近乎同等的水价，人们不理解、不愿主动使用再生水，投资者、房地产商没有积极性建设污水回用、中水工程，从而不利于节水和水资源的有效利用。要摆脱这一现状，必须建立合理的水价体制，制定有利于水资源可持续利用的经济政策，这对缓解水资源的供需矛盾至关重要。

**2．城市污、废水的资源化缺乏统一规划**

要切实地实行城市污水回用，前期的工作必须落实。然而就目前的情况来看，污废水的收集工作进行得很不规范，没有一个系统性规划。解决这一问题的关键，就是要严格控制污废水的排放，加强其收集工作，使之系统化，从而形成资源化的统一管理。

**3．污水回用缺乏完善必要的法规**

只是一味地提倡使用再生水、中水，却没有一个完善的法规对建设、使用再生

水、中水的用户进行严格规定，效果是不明显的。必须研究、制定地方性法规，明确规定必须使用再生水、中水的地区、部门，对有违法规者给予相应的处罚。

4．研究开发新的技术和设备

污水回用的发展，仅仅有政策是不够的，还必须靠强有力的技术支撑。中水系统得不到广泛应用，其中很重要的一个原因是其初期投资较高，占地面积较大，需专人管理，短期经济效益不明显。因此，为使中水系统得以推广，必须首先加强新技术的开发，加快新产品的研制，以降低中水处理成本。

城市污水再生回用，实现污、废水资源化，既可节省水资源，又可使污水无害化，起到保护环境、防治水污染、缓解水资源不足的重要作用。在致力于优化处理过程，降低处理成本的基础上，学习国内外先进技术与经验，研究解决出现的问题，使污水回用能更大程度上地促进经济与环境的协调发展。随着回用技术的成熟，必将推动我国城市污水资源化研究的进程，实现城市与水资源开发利用的可持续发展。

# 第二节　城市污水回用的主要用途及水质标准

## ■ 一、技术术语

根据《城市污水再生利用工程设计规范》（GB 50335—2016）、《城市污水再生利用　城市杂用水水质》（GB/T 18920—2020）等，城市污水回用技术主要术语如下。

（1）污水再生利用（Waste Water Reclamation and Reuse，Water Recycling）。污水再生利用为污水回收、再生和利用的统称，包括污水净化作用、实现水循环的全过程。

（2）城市污水再生利用。以城市污水为再生水源，经再生工艺净化处理后，达到可用的水质标准，通过管道输送和现场使用的方式予以利用的全过程。

（3）深度处理（Advanced Treatment）。进一步去除常规二级处理所不能完全去除的污水中杂质的净化过程。深度处理通常由以下单元技术优化组合而成：混凝、沉淀、澄清、过滤、活性炭吸附、离子交换、反渗透电渗析、氨吹脱、臭氧氧化、消毒等。

（4）再生水（回用水、回收水、中水）（Reclaimed Water，Recycled Water）。一般指污水经一级处理、二级处理和深度处理后供作回用的水。当一级处理或二级处理出水满足特定回用要求并已回用时，一级或二级处理出水也可称为再生水。

（5）再生水厂（Water Reclamation Plant，Water Recycling Plant）。以回用为目的的污水处理厂。常规污水处理厂是以去除污染物质后排放为目的，再生水厂一般包括深度处理或仅深度处理。

（6）二级强化处理（Upgraded Secondary Treatment）。既能去除污水中含碳有机物，也能脱氮除磷的二级处理工艺。

（7）微孔过滤（Micro-porous Filter）。孔径为 $0.1 \sim 0.2 \ \mu m$ 的滤膜过滤装置统称，简称微滤（MF）。

## 二、污水回用的主要用途

根据进水水质的不同，由城市污水深度处理后的回用水可以有很多不同的用途。回用水的用途十分广泛，基本可以归纳为以下六类：

（1）城市生活用水和市政用水；

（2）工业用水，包括冷却水、工艺用水、锅炉用水和其他一些工业用水；

（3）农业（包括牧渔业）回用；

（4）地下水回灌；

（5）景观、娱乐方面的回用；

（6）其他方面的回用。

回用水按具体回用用途可分为回用于工业用水、回用于农业用水、回用于城市杂用水、回用于环境用水和回用于补充水源水等。《城市污水再生利用—分类》（GB/T 18919—2002）中城市污水回用分类见表 4-1。

表 4-1　城市污水回用分类

| 序号 | 分类 | 范围 | 示例 |
|---|---|---|---|
| 1 | 农、林、牧、渔业用水 | 农田灌溉 | 种子与育种、粮食与饲料作物、经济作物 |
| | | 造林育苗 | 种子、苗木、苗圃、观赏植物 |
| | | 畜牧养殖 | 畜牧、家畜、家禽 |
| | | 水产养殖 | 淡水养殖 |
| 2 | 城市杂用水 | 城市绿化 | 公共绿地、住宅小区绿化 |
| | | 冲厕 | 厕所便器冲洗 |
| | | 道路清扫 | 城市道路的清洗及喷洒 |
| | | 车辆清洗 | 各种车辆清洗 |
| | | 建筑施工 | 施工场地清扫、浇洒、灰尘抑制、混凝土制备与养护、施工中的混凝土构件和建筑物冲洗 |
| | | 消防 | 消火栓、消防水炮 |

| 序号 | 分类 | 范围 | 示例 |
|---|---|---|---|
| 3 | 工业用水 | 冷却用水<br>洗涤用水<br>锅炉用水<br>工艺用水<br>产品用水 | 直流式、循环式<br>冲渣、冲灰、消烟除尘、清洗<br>中压、低压锅炉<br>溶料、水浴、蒸煮、漂洗、水力开采、水力疏松、增湿、稀释、搅拌、选矿、油田回注<br>浆料、化工制剂、涂料 |
| 4 | 环境用水 | 娱乐性景观环境用水<br>观赏性景观环境用水<br>湿地环境用水 | 娱乐性景观河道、景观湖泊及水景<br>观赏性景观河道、景观湖泊及水景<br>恢复自然湿地、营造人工湿地 |
| 5 | 补充水源水 | 补充地表水<br>补充地下水 | 河流、湖泊<br>水源补给、防止海水入侵、防止地面沉降 |

回用水应满足如下要求：

（1）对人体健康不应产生不良影响。对环境质量、生态维护不应产生不良影响。

（2）对生产目的回用不应对产品质量产生不良影响。

（3）水质应符合各类使用规定的水质标准。

（4）为使用者及公众所接受，使用时没有嗅觉和视觉上的不快感。

（5）回用系统在技术上是可行的，系统运行可靠，提供的水质水量稳定。

（6）在经济上是廉价的，在水价上有竞争力。

（7）加强使用者安全使用的教育。

## 三、城市污水回用水质标准

各类水质标准是确保回用水的使用安全可靠和回用工艺选用的基本依据。为控制污染、确保水的安全使用，国家已制定了一系列相应的水质标准，包括《城市污水再生利用—分类》《城市污水再生利用—城市杂用水水质》《城市污水再生利用—景观环境用水水质》（GB/T 18921—2019）等。

1. 用于城市杂用水水质要求和标准

《城市污水再生利用—城市杂用水水质》（GB/T 18920—2020）见表4-2。

表4-2　城市杂用水质控制指标

| 序号 | 项目指标 | 冲厕、道路清扫、消防 | 园林绿化 | 洗车 | 建筑施工 |
|---|---|---|---|---|---|
| 1 | pH 值 | 6.5～9.0 | 6.5～9.0 | 6.5～9.0 | 6.5～9.0 |
| 2 | 色度（度） | ≤30 | ≤30 | ≤30 | ≤30 |

| 序号 | 项目指标 | 冲厕、道路清扫、消防 | 园林绿化 | 洗车 | 建筑施工 |
|---|---|---|---|---|---|
| 3 | 臭 | 无不快感觉 | 无不快感觉 | 无不快感觉 | 无不快感觉 |
| 4 | 浊度（NTU） | ≤ 10 | ≤ 20 | ≤ 5 | — |
| 5 | 悬浮性固体（mg/L） | ≤ 15 | ≤ 30 | ≤ 15 | ≤ 15 |
| 6 | 溶解性固体（mg/L） | ≤ 1000 | ≤ 1000 | ≤ 1000 | — |
| 7 | $BOD_5$（mg/L） | ≤ 15 | — | ≤ 15 | ≤ 15 |
| 8 | $COD_{Cr}$（mg/L） | ≤ 50 | ≤ 60 | ≤ 50 | ≤ 60 |
| 9 | 氯化物（mg/L） | ≤ 350 | ≤ 350 | ≤ 300 | ≤ 350 |
| 10 | 阴离子表面活性剂（mg/L） | ≤ 1.0 | ≤ 1.0 | ≤ 0.5 | ≤ 1.0 |
| 11 | 铁（mg/L） | ≤ 0.3 | ≤ 0.1 | ≤ 0.3 | ≤ 0.3 |
| 12 | 锰（mg/L） | ≤ 0.1 | — | ≤ 0.1 | ≤ 0.1 |
| 13 | 溶解氧（mg/L） | ≥ 1.0 | ≥ 1.0 | ≥ 1.0 | ≥ 1.0 |
| 14 | 游离性余氯（mg/L） | 用户端 ≥ 0.2 | 用户端 ≥ 0.2 | 用户端 ≥ 0.2 | 用户端 ≥ 0.2 |
| 15 | 总大肠菌群（个 /L） | ≤ 100 | ≤ 100 | ≤ 100 | ≤ 1000 |

2. 回用于景观环境用水水质要求和标准

景观环境回用指经处理再生的城市污水回用于观赏性景观环境用水、娱乐性景观环境用水、湿地环境用水等。与人体接触的娱乐性景观环境用水，不应含有毒、有刺激性物质和病原微生物，通常要求再生水经过滤和充分消毒。过量的氮磷会促使藻类和水生植物繁殖及过分生长，加速湖泊富营养化过程，使水体腐化发臭；对湿地则需要根据具体情况，经评价后，提出相应的水质要求。《城市污水再生利用景观环境用水水质》（GB/T 18921—2019）见表 4-3。

表 4-3　景观环境用水的再生水水质指标

| 项目 | 观赏性景观环境 | 娱乐性景观环境用水 |
|---|---|---|
| 基本要求 | 无漂浮物，无令人不愉快的嗅觉和味道 | |
| pH 值 | 6 ～ 9 | |
| 5 日生化需氧量（mg/L） ≤ | 6 | 6 |
| 悬浮物（SS） ≤ | 10 | — |
| 浊度（ntu） ≤ | — | 5.0 |
| 溶解氧（mg/L） ≤ | 1.5 | 2.0 |
| 总磷（以 P 计，mg/L） ≤ | 0.5 | 0.5 |
| 总氮（mg/L） ≤ | 15 | |
| 氨氮（以 N 计，mg/L） ≤ | 5 | |

续表

| 项目 | 观赏性景观环境 | 娱乐性景观环境用水 |
|---|---|---|
| 粪大肠菌群（个/L）≤ | 2000 | 不得检出 |
| 余氯（mg/L）≥ | 0.05（接触30 min后） | |
| 色（度）≤ | 30 | |
| 石油类（mg/L）≤ | 1.0 | |
| 阴离子表面活性剂（mg/L）≤ | 0.5 | |

注：若使用未经过除磷脱氮的再生水作为景观用水，鼓励使用本标准的各方在回用地点积极探索通过人工培养具有观赏价值水生植物的方法，使景观水的氮磷满足表中的要求，使再生水中的水生植物有经济合理的出路。

标准说明如下。

（1）再生水利用方式。

①污水再生水厂的水源宜优先选用生活污水或不包含重污染工业废水在内的城市污水。

②当完全使用再生水时，景观河道类水体的水力停留时间宜在5 d左右。

③完全使用再生水作为景观湖泊类水体，在水温超过25℃时，其水体静止停留时间不宜超过3 d；而在水温不超过25℃时，则可适当延长水体静止停留时间，冬季可延长水体静止停留时间至1个月左右。

④当加设表曝类装置增强睡眠扰动时，可酌情延长河道类水体水力停留时间和湖泊类水体静止停留时间。

⑤流动换水方式宜采用低进高出。

⑥应充分注意两类水体底泥淤积情况，进行季节性或定期性清淤。

（2）其他规定。

①由再生水组成的两类景观水体中的水生动、植物仅可观赏，不得食用。

②不应在含有再生水的景观水体中游泳和洗浴。

③不应将含有再生水的景观环境用水用于饮用和生活洗涤。

3．城市污水回用于工业冷却水的水质标准

参照《城市污水再生利用工程设计规范》（GB50335—2016）规定的再生水用作冷却水的建议水质标准。

4．农业回用水水质标准

国内目前还没有专门的农业回用水水质标准，一般可参照《农田灌溉水质标准》（GB 5084—2021）。具体内容见表4-5。

表 4-5 农田灌溉用水水质基本控制项目标准值

| 序号 | 项目类别 | 作物种类 | | |
|---|---|---|---|---|
| | | 水作 | 旱作 | 蔬菜 |
| 1 | 五日生化需氧量（mg/L）≤ | 60 | 100 | 40 [a]，15 [b] |
| 2 | 化学需氧量（mg/L）≤ | 150 | 200 | 100 [a]，60 [b] |
| 3 | 悬浮物（mg/L）≤ | 80 | 100 | 60 [a]，15 [b] |
| 4 | 阴离子表面活性剂（mg/L）≤ | 5 | 8 | 5 |
| 5 | 水温（℃）≤ | 35 | | |
| 6 | pH 值 | 5.5 ～ 8.5 | | |
| 7 | 全盐量（mg/L）≤ | 1 000 [c]（非盐碱土地区），2 000 [c]（盐碱土地区） | | |
| 8 | 氧化物（mg/L）≤ | 350 | | |
| 9 | 硫化物（mg/L）≤ | 1 | | |
| 10 | 总汞（mg/L）≤ | 0.001 | | |
| 11 | 镉（mg/L）≤ | 0.01 | | |
| 12 | 总砷（mg/L）≤ | 0.05 | 0.1 | 0.05 |
| 13 | 铬（六价）（mg/L）≤ | 0.1 | | |
| 14 | 铅（mg/L）≤ | 0.2 | | |
| 15 | 粪大肠菌群数（个 /100 mL）≤ | 4 000 | 4 000 | 2 000 [a]，1 000 [b] |
| 16 | 蛔虫卵数（个 /L）≤ | 2 | | 2 [a]，1 [b] |

a 加工、烹饪及去皮蔬菜；

b 生食类蔬菜、瓜类和草本水果；

c 具有一定的水利灌排设施，能保证一定的排水和地下水径流条件的地区，或有一定淡水资源能满足冲洗土体中盐分的地区，农田灌溉水质全盐量指标可以适当放宽。

说明：本标准适用于全国以地面水、地下水和处理后的城市污水及与城市污水水质相近的工业废水作水源的农田灌溉用水。

本标准不适用医药、生物制品、化学试剂、农药、石油炼制、焦化和有机化工处理后的废水进行灌溉。

# 第三节 城市污水处理及回用工程实例

## 一、常规处理技术

早期的城市污水回用主要用于农业灌溉，由于对水质要求不高，一般就直接将污水厂二级出水加以利用。随着城市污水回用领域的扩大，对回用水的水质也有了不同的要求，并针对不同的用途和要求制定了水质标准，但是这些标准的要求都高于污水处理厂二级出水水质，因此，污水回用技术多对二级出水进行深度处理。常用的城市污水回用技术包括传统处理（混凝、沉淀、常规过滤）、生物过滤、生物处理、活性炭吸附、膜分离、消毒、土地处理等。

常规处理是以生物处理为主体，以达到排放标准为目标的现代城市污水处理技术，经过长期的发展，已达到比较成熟的程度。对生物处理工艺的改进和发展，可以提高处理效果，稳定和改善出水水质，有利于后续深度处理的实施，提高回用的可靠性，是城市污水回用技术发展的重要方面之一。

## 二、深度处理技术

城市污水回用深度处理基本单元技术有混凝沉淀（气浮）、化学除磷、过滤、消毒等。

对回用水质要求更高时采用的深度处理单元技术有活性炭吸附、臭氧 – 活性炭、生物炭、脱氨、离子交换、微滤、超滤、纳滤、反渗透、臭氧氧化等。

## 三、处理技术的组合与集成

回用水的用途不同，采用的水质标准和处理方法也不同；同样的回用用途，由于原水水质不同，相应的处理工艺和参数也有差异。因此，城市污水再生处理工艺应根据处理规模、再生水水源的水质、再生水用途及当地的实际情况和要求，经全面技术经济比较，将各单元处理技术组合集成为合理可行的工艺流程。在处理技术的组合集成中衡量的主要技术经济指标有再生水处理单位水量投资、电耗和支撑税成本、占地面积、运行可靠性、管理维护难易程度、总体经济效益与社会效益等。

单元处理技术的组合集成是城市污水回用处理技术的重要方面之一，在确定工艺流程的过程中需认真分析、合理组合，也是今后一段时间城市污水回用处理技术研究、实践和发展的重点之一。

实际工程中，应根据每一个回用工程的实际情况确定合适的工艺组合，以工业回用为例，不同的工业回用对象有不同的回用水要求。回用水用作工厂冷却水时，采用的工艺应能降低水中会引起装置结垢的硬度，取出会引起装置腐蚀和生物污垢的氨等污染物，而当回用水用作工艺用水时，则需根据所回用的工艺用水水质要求来确定所采用的处理工艺方法。

表 4-6 是 Glen T.Daigger 博士总结的美国常用的回用用途和相应的处理要求与水平，可供参考。

表 4-6　回用水使用方式和相应的处理方法

| 回用用途 | 举例 | 处理工艺举例 |
| --- | --- | --- |
| 补充给水 | 非直接饮用水 | 作为给水源使用之前，要根据其是否经过土壤蓄水层处理以及混合稀释程度来确定处理方法是二级处理还是深度处理方法 |
| 工业性回用 | 包括冷却水的各种生产用水 | 一般要求是最少经过二级处理，用作冷却水时，还要去除硬度、脱盐以及去除 $NH_3$-N 以减少生物污垢的产生 |
| 非限制接触性回用 | 非限制接触性城市灌溉、直接使用作物的灌溉、接触性景观水体 | 二级（生物）处理，过滤（粒状介质或膜）和严格的消毒等 |
| 限制性回用 | 限制接触性城市灌溉和农业灌溉 | 二级生物处理和适度的消毒 |
| 环境修复 | 维持环境所需的一定流量 | 至少进行二级生物处理，有时包括去除营养物质，一般情况下进行适度消毒 |
| 农业性回用与深加工粮食作物 | 小麦、玉米及其他食用前需要热加工的作物 | 至少进行初级处理，但进行储存时常需要经过二级处理以尽量减少臭味，对工业污水要进行有毒物质的控制，适度消毒 |
| 农业性回用与非食用作物 | 牧草、苜蓿及其他动物饲用作物 | 至少进行初级处理，但进行贮存时常需要经过二级处理以尽量减少臭味，对工业污水要进行有毒物质的控制，适度消毒 |

## 四、应用实例：天津经济技术开发区新水源一厂再生水利用工程

### 1．可行性分析

城市污水具有量大、集中，水质相对稳定的特点，是一种潜在的水资源，天津经济技术开发区污水处理厂自建成使用以来，运行情况良好，完全实现了原设计的出水水质要求，为开发区解决污水污染、改善水环境做出了很大贡献，缓解了渤海湾水域污染严重的现状，每日排放的二级生化处理出水，为污水深度处理回用提供了可靠的水源。但是，由于现有二级出水的总含盐量达到 3000～6000 mg/L，直接回用的范围受到很大限制，也与开发区目前对回用水客户的需求情况不符合。因此，迫切需要建设将二级出水进行深度处理并达到可满足绿化、景观补充水、地下补充水、地下水回灌、生活杂用水及各种工业用水水质标准的回用工程。

### 2．工程建设的目的

天津经济技术开发区新水源一厂污水脱盐示范工程的建设，要达到如下四个方面的目的。

（1）用二级处理的城市污水，生产 $1.5 \times 10^4$ t/d 的景观用水、$1 \times 10^4$ t/d 的反渗透脱盐水，以缓解开发区用水紧张的局面，每年可节约大量淡水资源，经济、社会及环境效益显著。

（2）在城市污水经处理后找到新的出路的同时，提高水的附加值，为促进全国城市污水回用提供示范样板。

（3）项目的预处理工艺起点高，经过对工程规模的技术经济考核有助于提高我国的反渗透预处理技术水平，通过技术及设备的引进、吸收和消化，为我国实现大规模污水资源化工程提供借鉴。

（4）该项目成功实施后，形成的技术可用于西部开发，淡化西部地区和沿海地区的苦咸水资源。

3．新水源一厂污水深度处理工艺流程

由于在我国尚无污水脱盐处理的研究成果和工程实践，为达到理想的效果和第一手资料，从 2001 年 1 月 3 日至 2002 年 3 月 8 日，开始进行对污水脱盐深度处理中间试验，经多次反复的试验和论证，确定新水源一厂深度处理工艺流程，如图 4-1 所示。

深度处理工艺采用微滤膜处理净化工艺及 RO 反渗透脱盐工艺。

CMF 连续流微过滤技术是由微滤膜柱、压缩空气系统和反冲洗系统以及 PLC 自控系统等组成，具有如下独特的优点。

图 4-1　深度处理工艺流程

（1）采用直流式过滤，使处理效果不受进水水质影响。

（2）与传统常规方法比，不需投加大量的化学药剂，出水中不含化学残留物，安全环保节省投资。

（3）灵活的模块结构设计有利于对设备的更换和增容。

（4）在线膜完整性测试，在任何时间均能保证出水水质。

（5）采用内含故障诊断，运行自动化程度高。

（6）系统占地小，无须处理构筑物，仅需一个处理车间，工程造价低，安装费用少。

CMF 处理后，出水一部分排至休闲娱乐区人工湖，另一部分作为需要进一步脱盐处理的水源。

脱盐采用反渗透（RO）技术，将经过 CMF 处理后的水中盐分去除，排入清水池，经水泵加压通过管道供开发区再生水用户使用。

该工艺与传统工艺相比具有工艺流程简洁、结构紧凑、占地面积小、自动化程度高、操作简便，无须投加大量的化学药品，使用专利的自动清洗工艺，运行成本低，代表了目前水处理技术的最新发展方向。

4．工艺设备及技术参数

（1）进水泵房。进水泵房利用原污水处理厂出水泵房改造而成。出水泵房现设置六台 KSB 潜水排污泵（四用两备），单台设计流量 $Q$=290 L/s，扬程 $H$=5 m，为满足开发区再生水回用，近期设计流量 $Q$=2.9×10⁴ t/d，远期设计流量 $Q$=6.5×10⁴ t/d，并满足后续处理设施扬程的要求，对原出水泵进行了更换，近期更换两台泵，单台设计流量 $Q$=376 L/s，扬程 $H$=7.5 m，功率 $N$=40 kW。

泵房的运转首先满足再生水设计流量，优先启动再生水进水泵，进水泵的运行由 PLC 控制。

（2）调节池。调节池调蓄容量 $V$=4833 m³，调节池有效水深 3 m，池长 50 m，池宽 32 m，共两个。在每个调节池进水管路上设置电磁流量计一台，并设有检修用的电动闸阀。

（3）再生水处理车间。

① CMF 微过滤处理设备。为保证近期设计出水量，需选用 10 台 108M10C 型澳大利亚 CMF 处理设备，日产水量 29000 m³。技术参数如下：

中水温度为 15 ℃；反冲频率为 20 min；反冲时间为 2.5 min；碱洗频率为 14 d；酸洗频率为 60 d。

工艺设备采用压缩空气反冲洗，并间隔一段时间后，分别用酸、碱清洗 CMF 膜，在 CMF 进水前投入抑菌剂，以防止 CMF 膜及 RO 膜滋生微生物。

②连续微滤膜技术（CMF）原理。连续微滤膜技术（CMF）工艺是在膜的一侧施加一定的压力，使水透过膜，而将大于孔径的悬浮物、细菌、有机污染物等截留的处理工艺。该系统由微过滤柱、压缩空气系统和反冲洗系统以及 PLC 系统等组成。微滤柱的直径为 120 mm，高度为 1500 mm，内装的中空维外径为 550 μm，内径为 300 μm，壁孔径为 0.2 μm，单柱膜表面积为 15 m²，20℃时单根微滤膜柱水通量为 1.26 m³/h，CMF 系统的操作由控制装置自动控制，水由中空纤维外向膜内渗透，正常工作压力很低，工作范围 30 ～ 100 kPa，最高达到 200 kPa。一般每30 ～ 40 min 用压力空气反冲洗一次，反冲时，压缩空气由中空纤维膜内吹向膜外，反冲压力为 600 kPa，时间 10 ～ 20 min。当进水浓度不稳定时，膜污染加重未超过前后设定的压差指标时会自动强制冲洗，以保护膜的寿命。反冲洗水量为进水量的8% ～ 10%，对于污水经二级处理后的出作为 CMF 系统进水时，CMF 系统一般工作10 ～ 20 d，需化学清洗一次（碱洗或酸洗）。CMF 系统为膜组式设计，易于增容，膜柱中的子膜组可以进行更换、隔离、修补，因此，即使膜有损坏也可及时修补，不影响整个系统的正常运行。CMF 微滤膜的正常使用寿命为 5 年。

（4）RO 反渗透处理。

①反渗透处理设备。选用两台 RO 产水设备，RO 产水量每台 5000 m³/d，日处理 CMF 出水 13333 m³。

②反渗透技术（RO）原理。反渗透膜选用美国 DOW 化学公司耐污染的反渗透膜，该膜具有较好的脱盐效果和较强的耐污染特性，以保证良好的出水水质和稳定的运行效果。反渗透是以外加压力克服渗透压的一种膜分离技术，整个分离过程不发生相变，从而节能、经济、装置简单、操作方便。本系统采用一级两段式，包括膜分离工艺和膜清洗工艺，在分离过程中，可溶性无机盐被浓缩，当超出溶解浓度时，被截留在膜表面形成硬垢，所以要在进水中添加阻垢剂，并进行膜的清洗。

（5）清水池。两座清水池，每座清水池基本尺寸为 30 m×20 m×4 m，总容量为 4 500 m³。

（6）出水泵房。清水泵 3 台（二用一备）。清水泵采用变频水泵，以减少长期运行的电耗，达到节能的效果。

（7）出水加氯消毒。为满足再生水用户管网末梢对余氯的要求，采用加氯消毒方法，以满足再生水出水指标。

5．生产规模及水质标准

本示范工程生产规模为：近期经处理后脱盐水 1×10⁴ m³/d，不脱盐水 1.5×10⁴ m³/d，共计 2.5×10⁴ m³/d；远期经处理后脱盐水 4×10⁴ m³/d，不脱盐水 1.5×10⁴

m³/d，共计 $5.5 \times 10^4$ m³/d。

本工程进水水质见表 4-7，出水水质见表 4-8。

表 4-7　设计进水水质

| 序号 | 项目 | 单位 | 水质指标 |
|---|---|---|---|
| 1 | 浊度 | 度 | 15 |
| 2 | 悬浮性固体 SS | mg/L | 30 |
| 3 | 生化需氧量 $BOD_5$ | mg/L | 20 |
| 4 | 化学需氧量 $COD_{Cr}$ | mg/L | 100 |
| 5 | 氨氮（以 N 计） | mg/L | 10 |
| 6 | 总磷（以 P 计） | mg/L | 1.0 |
| 7 | 氯化物 | mg/L | 旱期 1000，雨期 3000 |
| 8 | 全盐量 | mg/L | 旱期 2000，雨期 6000 |
| 9 | 温度 | ℃ | 15～25 |

表 4-8　设计出水水质

| 序号 | 项目 | 单位 | 水质指标 |
|---|---|---|---|
| 1 | 浊度 | 度 | 1.5 |
| 2 | 悬浮性固体 SS | mg/L | 1.5 |
| 3 | 色度 | 度 | 30 |
| 4 | 臭味 | | 无不快感觉 |
| 5 | pH 值 | | 6.5～9.0 |
| 6 | 生化需氧量 $BOD_5$ | mg/L | 5 |
| 7 | 化学需氧量 $COD_{cr}$ | mg/L | 50 |
| 8 | 氨氮（以 N 计） | mg/L | 10 |
| 9 | 总磷（以 P 计） | mg/L | 1.0 |
| 10 | 氯化物 | mg/L | 20～60 |
| 11 | 全盐量 | mg/L | 80～240 |
| 12 | 总硬度（以 $CaCO_3$ 计） | mg/L | 450 |
| 13 | 阴离子合成洗涤剂 | mg/L | 1.0 |
| 14 | 铁 | mg/L | 0.4 |
| 15 | 锰 | mg/L | 0.1 |
| 16 | 游离余氯 | mg/L | 管网末端不小于 0.2 |
| 17 | 总大肠菌群 | 个/L | 3 |

续表

6. 生产运行状况

（1）设备运行工况效果分析。目前 10 台 108M10C 型 CMF 处理设备，2 台 RO 处理设备均已运行正常，自投产以来运转安全平稳，为保证和满足客户对再生水的要求，更好地服务于客户，在厂内进一步地加强了生产运行管理，严格遵守操作程序，强化设备的维护和保养，坚持巡视检查制度，做到有问题早发现、早解决，把设备出现故障的可能性降到最低。同时为确保较高的产水量，按照设备的操作规程及时监控各种技术参数，随时调整，并根据设备运行状况，及时进行设备化学清洗，确保正常的供水。经过逐台逐项考察，各种设备运转达到了各项技术指标要求，系统运行正常，出水水质稳定。

（2）自控系统的安全性和保障性。为保证再生水生产过程的安全性、可靠性和生产的连续性，提高自动化管理水平，控制系统由 USFilter（中国）公司提供概念设计，采用目前较先进的集散型控制系统，集散型控制系统的特点是将管理层和控制层分开，管理层主要是对全厂整个生产过程进行监视；控制层（SCADA）主要是完成对主要工艺流程的自动监控和对生产过程的工艺参数进行数据采集。

工艺流程中的各检测仪表均为在线式仪表，变送器均带有数字显示装置，并向可编程序控制器（PLC）传送标准模拟数字信号。该系统正式投运以来，及时、稳定、准确地储存和输送了工艺系统中各种技术参数，有效地保证了正常生产运行，同时也体现了该系统的稳定性和实用性。

新水源一厂的污水再生回用工程采用的工艺与传统中水回用处理工艺有所不同，利用了当前国际上普遍采用的先进连续微滤加反渗透工艺，其中微滤工艺可以将水中包括细菌在内的大于 0.2 μm 的所有杂物去除，而反渗透工艺不仅可实现脱盐处理，还可以将分子量在 150 以上的小分子量有机物和无机物质全部去除。而像"非典"病毒的分子量至少在数万或数 10 万以上大分子量病毒菌，则完全排除在再生水源之外，因此，双膜法工艺可以保证去除病毒微生物，包括人们关注的中型尺寸的病毒，即"非典"冠状病毒。

设有多级完整的保护在线监测报警仪表和装置，其功能除了保证设备安全运行自身保护以外，另一重要功能是水质保证。一旦反渗透出现故障，首先泄漏的为最小原子量物质，例如，氯离子和钠离子；像大分子量物质，如"非典"病毒的穿透绝不可能。经新水源一厂出水水质化验检测，再生水中的平均余氯为 1.00 mg/L，而大肠菌群数都均未测出。

所以说，无论是从技术角度还是检验结果来看，新水源一厂生产的再生水是非常安全和卫生的，并具有可靠的保障性。

2003年春天，面对突如其来的"非典"疫情，并且得知香港淘大花园传出"非典"病毒来自下水道感染人群的消息后，人们对污水处理后再生水源产生了极大的恐惧，因此，造成了国内一些采用传统工艺生产再生水的单位纷纷停产或将供水管道切换成自来水供水，给中水回用的前景也带来了一些负面的影响。由于新水源一厂技术工艺不同于其他企业，关键在于其设计理念的超前性和工艺设备的可靠性，有效地切断了病毒在再生水源中（包括"非典"病毒）传播的可能，在突如其来的公共突发事件中经受住了严格的考验，同时，也证明了双膜工艺在污水深度处理中应用的科学性和安全保障性。

（3）再生水水质验证及效果分析。几个月来的生产实践，新水源一厂再生水生产设备运行稳定，水厂出水水质见表4-9。从表4-9可知，出厂的再生水质指标符合于天津开发区颁布的再生水水质标准。设计进水水质标准与实际出水水质对照见表4-10，新水源一厂出水水质与其他标准水质的对比见表4-11。

表4-9　开发区反渗透出水水质标准与RO实际出水水质参数

| 序号 | 标准项目 | 限值 | 新水源一厂RO实际出水 |
|---|---|---|---|
| 1 | 色度 | ≤15 | 0 |
| 2 | 嗅 | 无不快感觉 | 无 |
| 3 | 浊度，NTU | ≤1 | 0.06 |
| 4 | H（无量纲） | 6.0～8.0 | 6.32 |
| 5 | 总硬度（以$CaCO_3$计） | ≤250 mg/L | 6.18 mg/L |
| 6 | 氯化物 | ≤150 mg/L | 33.03 mg/L |
| 7 | 铁 | ≤0.3 mg/L | 未检出 |
| 8 | 锰 | ≤0.1 mg/L | 0.051 mg/L |
| 9 | 总溶解固体 | ≤350 mg/L | 110.4 mg/L |
| 10 | 硫酸盐 | ≤5 mg/L | 3.58 mg/L |
| 11 | 阴离子表面活性剂 | ≤0.3 mg/L | 129.82 |
| 12 | 溶解氧 | ≥1.0 mg/L | 未检出 |
| 13 | 电导率 | ≤400 μS/cm | 0.26 mg/L |
| 14 | 石油类 | ≤0.3 mg/L | 2.25 个/mL |
| 15 | 氨氮（$NH_3$-N） | ≤2.5 mg/L | 0.4 mg/L |
| 16 | 总磷（以P计） | ≤0.5 mg/L | 未检出 |
| 17 | 硝酸盐（以N计） | ≤2.5 mg/L | 未检出 |
| 18 | 总有机碳 | ≤2.0 mg/L | 新水源一厂RO实际出水 |

| 序号 | 标准项目 | 限值 | 新水源一厂 RO 实际出水 |
|---|---|---|---|
| 19 | COD<sub>Cr</sub> | ≤ 15 mg/L | 0 |
| 20 | BOD<sub>5</sub> | ≤ 3 mg/L | 无 |
| 21 | 细菌总数 | ≤ 100 个 /mL | 0.06 |
| 22 | 游离余氯 | 管网末端 ≥ 0.2 mg/L | 6.32 |
| 23 | 总大肠菌群 | 每 100 mL 水样中不得检出 | 6.18 mg/L |
| 24 | 粪大肠菌群 | 每 100 mL 水样中不得检出 | 33.03 mg/L |

**表 4-10　设计进水水质标准与实际出水水质对照（2003 年 3 月 1 日—6 月 1 日）**

| 项目 | 内容指标 | | | | | |
|---|---|---|---|---|---|---|
| | CMF 进水指标 | | CMF 出水指标 | | RO 出水指标 | |
| | 设计指标 | 实际指标 | 设计指标 | 实际指标 | 设计指标 | 实际指标 |
| $BOD_5$（mg/L） | ≤ 30 | | ≤ 10 | | | |
| $COD_{Cr}$（mg/L） | ≤ 120 | 68 | ≤ 50 | 49 | | |
| SDI（mg/L） | ≤ 10 | | ≤ 3 | | | |
| 总溶解固体（mg/L） | ≤ 2000 ～ 5500 | 2321 | ≤ 2000 ～ 5500 | 2321 | ≤ 320（去除率 ≥ 94%） | 132 |
| TOC（mg/L） | | | | | ≤ 1 | |
| 电导率（μS/cm） | | 4280 | | 4213 | | 67 |
| 氯化物（mg/L） | 1000 ～ 3200 | 1238 | 1000 ～ 3200 | 1233 | ≤ 160（去除率 ≥ 94%） | 38 |
| 氟化物（mg/L） | ≤ 4 | 2.84 | ≤ 4 | 2.82 | ≤ 0.05 | ≤ 0.08 |
| 浊度，NTU | ≤ 25 | 1.8 | ≤ 1.0 | 0.2 | ≤ 0.1 | 0.1 |
| 硫酸盐（mg/L） | ≤ 90 | 266 | ≤ 90 | 256 | ≤ 5 | 未检出 |
| 硝酸盐（mg/L） | ≤ 10 | 9.55 | ≤ 10 | 9.27 | ≤ 0.5 | 0.26 |
| 总硬度（mg/L） | | | | | ≤ 250 | |
| 钙（mg/L） | ≤ 270 | 262 | ≤ 270 | 256 | ≤ 15 | 0.211 |
| 钠（mg/L） | 650 ～ 2100 | 647 | 650 ～ 2100 | 632 | ≤ 120 | 4.35 |
| 铁（mg/L） | ≤ 0.15 | 0.11 | ≤ 0.15 | 0.07 | ≤ 0.1 | 未检出 |
| 大肠菌群 | ≤ 300 万个 /L | 310 万个 /L | 99.999% 去除率 | 6800 个 /L | 不可测出 | 未检出 |

表 4-11　新水源一厂出水水质与其他标准水质的对比

| 分析项目 | 单位 | 出水水质 | US-EPA | WHO | 中国标准 |
|---|---|---|---|---|---|
| 色度 | 度 | 0 | 15 | 15 | ≤ 15 |
| 浊度 | ntu | 0.27 | ≤ 5 | ≤ 5 | ≤ 3 |
| 嗅味 | — | 无异味 | 无异味 | 无异味 | 无异味 |
| 氯离子 | mg/L | 22.33 | 250 | 250 | 250 |
| 铁 | mg/L | — | 0.3 | 0.3 | 0.3 |
| 余氯 | mg/L | 1.05 | — | — | ≥ 0.3 |
| 总大肠菌群 | 个 /L | 0 | 0 | 0 | 3 |
| 电导率 | μS/cm | 93.26 | — | — | — |
| 总有机碳 | mg/L | — | — | — | — |
| 硝酸盐氮 | mg/L | — | 44.3 | 50 | 1 |
| 硫酸盐 | mg/L | — | 250 | 250 | 250 |
| 细菌总数 | 个 /L | 0 | 0 | 0 | 100 |
| 溶解性总固体 | mg/L | 109.75 | 500 | 1000 | 1000 |

通过数据的比较分析，经双膜法处理的再生水出水水质较好于各方面所颁布的标准，因此，可以广泛地回用于工业纯水制造、工业冷却水、工业工艺、园林绿化以及市政生活杂用水。

7. 生产成本验证

（1）处理成本预测。预测结果见表 4-12。

表 4-12　处理成本预测结果

| 产水量 | 成本价格 |
|---|---|
| 近期（RO）$1.0 \times 10^4$ t | 生产成本：2.48 元 /t |
| 中期（RO）$1.0 \times 10^4$ t | 生产成本：1.99 元 /t |
| 远期（RO）$3.0 \times 10^4$ t | 生产成本：1.77 元 /t |
| 近期（CMF）$1.3 \times 10^4$ t | 生产成本：0.706 元 /t |
| 中期（CMF）$3.0 \times 10^4$ t | 生产成本：0.626 元 /t |
| 远期（CMF）$3.5 \times 10^4$ t | 生产成本：0.532 元 /t |

（2）实际生产的处理成本。以 2003 年 5 月 26 日—6 月 25 日生产水量为基数核算，平均日产水量（RO）为 5275.5 t/d；RO 为 5275.5 t/d；成本为 3.3 元 /t（含 CMF 成本）；CMF 为 11255.9 t/d；成本为 0.706 元 /t。

8. 主要结论

（1）新水源一厂"双膜法"工艺的建成，在我国第一次完全打破了传统模式的污水深度处理工艺，为污水深度处理工艺提供了新的理念和创新，其关键技术的应用大幅度地提高了再生水的品质，具有一定的超前性和先进性。

（2）新水源一厂"双膜法"工艺从设计、工艺设备选型到生产运行和管网供水均达到了预期的效果，取得了很大的成功。

（3）连续微过滤（CMF）与反渗透（RO）优化组合，工艺运行稳定，整体性安全卫生可靠，自动化程度高，结合本地区的特点具有一定的实效性和可操作性。为国内再生水企业的发展起到了很好的示范作用，为再生水今后的发展方向奠定了基础。

（4）经连续微过滤（CMF）与反渗透（RO）优化组合系统处理的再生水质，品质优良，水中各项指标全部符合并优于开发区规定的再生水水质标准。

（5）连续微过滤设备装置简单，占地少，处理效率和自动化程度高。对水中浊度、悬浮性固体、细菌总数等指标去除效果明显，充分保证了后续反渗透系统的正常运行，这是传统常规反渗透预处理工艺无法达到的。

（6）连续微过滤与反渗透组合系统的设备投资和运行费用并不高，特别是在严重缺水的华北地区及东北地区在经济上是可行的，因而是一种高效经济的污水再生处理系统，对我国污水深度处理方法和工艺技术的研究产生了深远的影响。

（7）在再生水利用方面带动了区域性水资源综合利用的规划和方案，建立了包括再生水厂出水水质标准、政府补贴水价在内的配套体系法规和标准，为污水资源化工作进入规范管理和健康发展提供了经验。

（8）在我国第一次将再生水应用到工业高级用户，扩展了回用途径，彻底改变了传统的回用水只能应用于厕所、园林绿化的概念，使再生水真正地发挥其应有的使用价值，在循环经济可持续发展中发挥作用。

（9）双膜法再生水处理工艺不仅在技术上处于领先水平，运行成本也是可接受的（万吨级规模时实际生产成本 2.27 元 /t），对于我国大部分地区，特别是缺水地区具有重要的示范和借鉴意义。

（10）更新运行管理模式，实现资源共享，建立成本和效益优势。

# 第五章 中 水 回 用

## 第一节 中水回用概况

"中水"起名于日本。它的定义有多种解释，在污水治理工程方面称为"再生水"，工厂方面称为"回用水"，一般以水质作为区分的标志。中水主要是指城市污水或生活污水经处理后达到一定的水质标准，可在一定范围内重复使用的非饮用水，因其水质介于清洁水（上水）与排入管道内污水（下水）之间，故名为"中水"。

中水回用技术在国外早已应用于实践。美国、日本、以色列等国，厕所冲洗、园林和农田灌溉、道路保洁、洗车、城市喷泉、冷却设备补充用水等，都大量地使用中水。中水回用最典型的代表是日本。日本自20世纪60年代起就开始使用中水，至今已有60余年，较大的办公楼或者公寓大厦都有就地废水处理设备，主要用作厕所冲洗。福冈市和东京市都有规定：新建筑面积在30000 m² 以上，或可回用水量在100 m³/d 以上，都必须建造中水回用设施。

我国是水资源短缺的国家，全国669个城市中，400个城市常年供水不足，其中有110个城市严重缺水，日缺水量达 $1.6×10^7 m^3$，年缺水量 $6×10^9 m^3$，由于缺水，每年至少造成工业产值损失2000亿元。同时由于水资源优化配置不到位，优水低用，忽视污水再生利用，造成了水资源的极大浪费。据统计，我国工业万元产值用水量平均为1000 m³，是发达国家的10～20倍；我国水重复利用率平均为40%左右，而发达国家平均为75%～85%。面对如此严峻的形势，要保证经济和社会的持续健康发展，保证水资源的可持续利用，中水回用势在必行。

国内外的实践经验表明，城市污水的再生利用是开源节流、减轻水体污染、改善生态环境、解决城市缺水的有效途径之一，不仅技术可行，而且经济合理。

### 一、发展中水利用的意义

中水利用可以节省水资源，提高水资源的综合利用率，缓解城市缺水问题，保护环境，防治污染，利于社会、经济的可持续发展。

（1）中水利用可以有效地保护水源，减少清水的取用量。在生产、生活中并非所有用水或用水场所都需要优质水，有些用水只需满足一定水质要求即可。生产、生活用水中约有40%的水是与人们生活紧密接触的，如饮用、烹饪、洗浴等，这些方面对水质要求很高，必须用清洁水；还有多达60%的水是用在工业、农业灌溉、环卫、冲洗地面和绿化等方面，这部分对水质要求不高，可用中水替代清洁水。以中水替代这部分清洁水所节省的水资源量是相当可观的。

（2）中水利用有利于水资源的综合利用，提高经济效益。解决水缺乏问题有三种方案：跨流域调水、海水淡化、中水利用。利用中水所需的投资及年运行费用远低于长距离引水、海水淡化所需投资和费用。目前城市污水二级处理形成 $4 \times 10^9$ m³ 水源的投资大约为100亿元，而形成同样规模的长距离引水，则需600亿元左右，海水淡化则需1000亿元左右，可见中水回用在经济上具有明显优势。另外，城市中水利用所收取的水费可以使污水处理获得有力的财政支持，使水污染防治得到可靠的经济保障。

（3）中水利用可缓解城市缺水问题。我国城市污水年排放量已经达到 $4.14 \times 10^{10}$ m³，全国污水回用率如果平均达到10%，年回用量可达 $4 \times 10^9$ m³，是正常年份年缺水 $6 \times 10^9$ m³ 的67%。通过污水回用，可解决全国城市缺水量的一多半，回用规模、回用潜力之大，足可以缓解一大批缺水城市的供水紧张状况。

（4）中水利用是保护环境、防治水污染的主要途径。大量的城市污水和工业废水未经处理即排入水体，造成环境污染产生种种间接危害。世界上的一些国家，特别是发展中国家的污水灌溉工程的规模虽大，但以往污水多未经或只简单处理即予回用，且直接灌溉粮食、蔬菜作物，造成农作物和土壤的严重污染。中水利用系统运行后，大量城市污水经处理后，应用到农业灌溉、保洁、洗车、冲厕、绿化等方面，不仅减少了污水排放量，减轻了水体污染，而且降低了对农作物、土壤的污染。

## ▌二、我国中水利用情况

我国中水利用起步较晚，1985年北京市环境保护科学研究所在所内建成了第一项中水工程。此后，我国天津、大连、青岛、济南、深圳、西安等缺水的大城市相继开展了污水回用的试验研究，有些城市已经建成或拟建一批中水回用项目。

北京是我国中水回用发展较快的城市，现已拥有中水处理能力7000 m³/d，还将新建10座中水设施，中水日处理量将增加3300 m³，达到10300 m³；年处理能力将增加 $1 \times 10^6$ m³，达到 $3.6 \times 10^6$ m³。

大连是我国严重缺水城市之一，目前大连市日供水量仅为 $7.75 \times 10^5$ m³，而该城

市 $1.85 \times 10^7\,m^3$ 的公共绿地每天浇灌一次就需要用水 $3.35 \times 10^5\,m^3$。从 2002 年起大连市用经过三级处理的污水进行绿地灌溉，该水符合 II 级水指标，而该水 $1\,m^3$ 成本为 0.8 元，比用地下水灌溉节省 0.2 元左右，据初步估算，使用这种经过处理过的污水进行 $1.85 \times 10^7\,m^3$ 公共绿地的灌溉，每天节约成本 8 万元。

青岛市海泊河污水处理厂的中水回用试点项目已经启动。通过该项目，还将逐步开发青岛市另外 3 个污水处理厂的中水回用项目，并对青岛的中水管网进行总体规划，使青岛的中水供水能力由目前的日供 $4 \times 10^4\,m^3$ 逐步达到日供 $2 \times 10^5\,m^3$，通过管网广泛回用于景观用水、城市绿化、道路清洁、汽车冲洗、居民冲厕及施工用水、企业设备冷却用水等领域，以缓解青岛城市用水供需矛盾。

济南市位居全国 40 个严重缺水城市之列，水资源形势非常严峻，已影响到城市经济、城建、生活等各个方面。为了解决缺水问题，济南市于 1988 年开始中水工程建设试点工作，先后建设了南郊宾馆、玉泉森信、济南机场、将军集团等一批中水示范项目。目前，已建成并投入使用的中水工程单位有 20 余家，日处理能力达到 $1 \times 10^4\,m^3$。南郊宾馆中水工程是 1991 年投入使用的，每年节省水费 30 多万元，现已完全收回了投资成本并有超额节支。玉泉森信是济南首家主体工程与中水工程同时设计、施工、使用的项目。中水工程有效地降低了酒店的用水量，目前酒店每季度用水量仅为 $3 \times 10^4\,m^3$ 左右，不到同等规模酒店用水量的 40%。仅使用中水，玉泉森信每月便可节省开支 2 万多元，一年便节省 25 万多元。

这些实践表明，城市中水回用利益巨大。我国其他一些城市，如天津、石家庄也在尝试利用中水清洗汽车或建立建筑小区的中水系统。尽管试点单位尝到了中水带来的甜头，但因种种原因，中水项目在我国一直没有得到大面积推广，中水利用的范围及规模普遍发展缓慢。

## 三、中水回用水质要求

中水水质必须满足以下条件：

（1）满足卫生要求，其指标主要有大肠菌群数、细菌数、余氯量、悬浮物、COD、$BOD_5$ 等。

（2）满足人们感观要求，无不快感觉，其衡量指标主要有浊度、色度、臭味等。

（3）满足设备构造方面的要求，即水质不易引起设备管道的严重腐蚀和结垢，其衡量指标有 pH 值、硬度、蒸发残渣、溶解性物质等。近年来，我国对中水研究越来越深入，为保证中水作为生活杂用水的安全可靠和合理利用，颁布了《城市污水

再生利用 城市杂用水水质》标准（GB/T 18920—2020），见表 5-1。

表 5-1　城市杂用水水质标准

| 序号 | 项目 | 冲厕 | 道路清扫、消防 | 城市绿化 | 车辆冲洗 | 建筑施工 |
|---|---|---|---|---|---|---|
| 1 | pH 值 | 6.0 ~ 9.0 | | | | |
| 2 | 色（度）≤ | 30 | | | | |
| 3 | 嗅 | 无不快感 | | | | |
| 4 | 浊度（NTU）≤ | 5 | 10 | 10 | 5 | 20 |
| 5 | 溶解性总固体（mg/L）≤ | 1500 | 1500 | 1000 | 1000 | — |
| 6 | 五日生化需氧量（$BOD_5$）（mg/L）≤ | 10 | 15 | 20 | 10 | 15 |
| 7 | 氨氮（mg/L）≤ | 10 | 10 | 20 | 10 | 20 |
| 8 | 阴离子表面活性剂（mg/L）≤ | 1.0 | 1.0 | 1.0 | 0.5 | 1.0 |
| 9 | 铁（mg/L）≤ | 0.3 | — | — | 0.3 | — |
| 10 | 锰（mg/L）≤ | 0.1 | — | — | 0.1 | — |
| 11 | 溶解氧（mg/L）≥ | 1.0 | | | | |
| 12 | 总余氯（mg/L） | 接触 30 min 后 ≥ 1.0，管网末端 ≥ 0.2 | | | | |
| 13 | 总大肠菌群（个 /L）≤ | 3 | | | | |

# 第二节　中水回用技术和工艺

## 一、中水回用技术概述

中水因用途不同有两种处理方式：一种是将其处理到饮用水的标准而直接回用到日常生活中，即实现水资源直接循环利用，这种处理方式适用于水资源极度缺乏的地区，但投资高、工艺复杂；另一种是将其处理到非饮用水的标准，主要用于不与人体直接接触的用水，例如便器的冲洗，地面、汽车清洗，绿化浇洒以及消防等，这是通常的中水处理方式。用于水景、空调冷却等用途的中水水质标准还应有所提高。

废水处理的任务是采用必要的处理方法与处理流程使污染物去除或回收，使废水得到净化。废水处理方法很多，按其作用原理可分为物理法、化学法、物理化学法、生物法四类。

物理法是利用物理作用分离废水中主要悬浮状态的污染物质，在处理工程中不改变物质的化学性质，如沉淀法、筛滤法、气浮法、隔油法、离心分离法等。

化学法是利用化学反应来分离或回收废水中的污染物质，或转化为无害的物质，如混凝法、中和法、氧化还原法等。

物理化学法是通过物理和化学的综合作用使废水得到净化的方法，如吸附、萃取、离子交换、膜分离、微波法等。

生物法是利用微生物的作用来去除废水溶解的和胶体状态的有机物的方法。生物法可分为好氧生物处理和厌氧生物处理两大类。包括活性污泥法、生物膜法、接触氧化法、厌氧好氧交替法、吸附再生法、间歇式活性污泥法、氧化沟工艺、生物滤池、生物转盘等。自从1914年在英国曼彻斯特建成活性污泥试验厂以来，生物技术用于污水处理方面已有近100多年的历史，随着在工业生产上的广泛应用和技术上的不断革新改进，出现了多种能够适应各种条件的工艺流程，因此，生物技术不仅用于污水的二级处理，而且也用于污水的深度处理。20世纪70年代，美国科学家谢弗（Sheaffer）发展了一种污水纯化后重复利用的技术，称之为谢弗污水再生和回用系统（Waste Water Reclamation and Recycle System），简称WWRR系统。该系统的主体是深度曝气池，分为上、中、下三层，属于氧化塘处理法类型，它具有费用低、污泥量少、水资源可有效利用的优点；但是，它仅适用于中小规模的污水处理系统。

自20世纪80年代后期，我国也先后在上海、广州建成了以生物脱氮除磷为主的城市污水处理厂，其出水经过消毒后可部分达到市政杂用水水质的要求。例如广州大坦沙污水处理厂，其工艺为$A^2/O$工艺，它由厌氧池、缺氧池、好氧池串联组成，有机污染物以及营养元素在三个生物池中得到降解和消除，再经过最后的消毒处理可达到中水水质的标准。采用此工艺不但可部分回用，也彻底消除了水体富营养化的隐患，是目前城市污水处理工艺中比较有效，而又切实可行的工艺。但是，它存在着管理要求较高的问题，如果管理不善，出水水质会趋向恶化，这就要求在设计上和运行管理上提高水平。最近，科研工作者提出了地下渗滤中水回用技术。它的工作原理是：在渗滤区内，污水首先在重力作用下由布水管进入散水管，再通过散水管上的孔隙扩散到上部的砾石滤料中；然后进一步通过土壤的毛细作用扩散到砾石滤料上部的特殊土壤环境中。

特殊土壤是采用一定材料配比制成的生物载体，其中含有大量具有氧化分解有机物能力的好氧和厌氧微生物。污水中的有机物在特殊土壤中被吸附、凝集并在土壤微生物的作用下得到降解；同时，污水中的氮、磷、钾等作为植物生长所需的营养物质被地表植物伸入土壤中的根系吸收利用。经过土壤和土壤微生物的吸附降解作用，以及土壤的渗滤作用，最终使进入渗滤系统的污水得到有效净化。整个工艺流程由四部分组成。

（1）污水收集和预处理系统：由污水集水管网、污水集水池、格栅和沉淀池等组成。

（2）地下渗滤系统：由配水井、配水槽、配水管网、布水管网、散水管网、集水管网及渗滤集水池组成。

（3）过滤及消毒系统：根据所需目标水质选择一定形式的过滤器、提升设备及加氯设备。

（4）中水供水系统：由中水贮水池、中水管网及根据用户所需的供水形式选择的配套加压设备组成。

它具有无须曝气系统、无须加药系统、无污泥回流系统、无剩余污泥产生的优点，所以其运行费用低，操作管理方便。经过处理后的水质在没有特别要求下，只需经过消毒即可达到冲洗厕所、浇花、景观用水、洗车等用水水质的要求。但是，其处理的规模不宜过大。

废水污染物多种多样，只用一种处理方法往往不能把所有的污染物全部除去，而是需要通过几种方法组成的处理系统或处理流程，才能达到处理要求的程度。

中水处理技术的目的是通过必要的水处理方法去除水中的杂质，使之符合中水回用水质标准。处理的方法应根据中水的水源和用水对象对水质的要求确定。在处理过程中，有的方法除了具有某一特定的处理效果外，往往也直接或间接地兼有其他处理效果。为了达到某一目的，往往是几种方法结合使用。

## ■ 二、中水回用工艺

1. 常规工艺

一般来讲，中水处理流程因原水水质的不同而可分为如下四种：

①流程 1，以物化处理为主，适用于 Ⅰ、Ⅱ类污水：

原水→格栅→调节池→混凝处理或气浮→过滤→消毒→中水；

②流程 2，以生化处理为主，适用于 Ⅰ、Ⅱ类污水：

原水→格栅→调节池→一段生物处理→沉淀→过滤→消毒→中水；

③流程 3，二段生化处理，适用于 Ⅱ、Ⅲ类污水：

原水→格栅→调节池→一段生物处理→沉淀→二段生物处理→沉淀→过滤→消毒→中水；

④流程 4，物化＋生化处理，适用于Ⅲ、Ⅳ类污水：

原水→格栅→调节池→混凝或气浮→沉淀→生物处理→沉淀→过滤→消毒→中水。

在实际应用中，需根据原水水质的情况选择合适的处理工艺路线，设计经济合理的中水回用处理系统。

2．中水回用新工艺

（1）MBR 工艺。膜生物反应器工艺（Membrane Biological Reactor，MBR）是将生物处理与膜分离技术相结合而成的一种高效污水处理新工艺，近年来已经被逐步应用于城市污水和工业废水的处理，在中水回用处理中也得到了越来越广泛的应用。其优点是出水水质良好，不会产生卫生问题，感官性状佳，同时处理流程简单、占地少、运行稳定、易于管理且适应性强。

由于 MBR 工艺具备的独特优势，自 20 世纪 80 年代以来在日本等国得到了广泛应用。目前，日本已有近 100 处高楼的中水回用系统采用 MBR 处理工艺。在我国，应用此技术进行废水资源化的研究始于 1993 年，目前在中水回用的研究领域中取得了阶段性研究成果。日本某公司对 MBR 工艺的污水处理效果进行了全面研究，结果表明活性污泥－平板膜组合工艺不仅可以高效去除 $BOD_5$ 和 $COD_{cr}$，且出水中不含细菌，可直接作为中水回用。表 5-2 为日本某大楼的活性污泥－平板膜 MBR 组合工艺的设计参数。

表 5-2　日本某活性污泥—平板膜 MBR 组合工艺的设计参数

| 项目 | 设计参数 |
| --- | --- |
| 膜材料 | 聚丙烯腈 |
| 截留分子量 | 20000 |
| 操作压力（MPa） | 1.96～2.94 |
| 膜面流速（m/s） | 2～2.5 |
| MLSS（mg/L） | 6000～10000 |
| HRT（h） | 1.5 |
| 负荷［kg/（kg·d）］ | 0.2～0.3 |
| $BOD_5$ 去除率（%） | 95～99 |

（2）CASS 工艺。CASS（Cyclic Activated Sludge System）是在 SBR 的基础上发展起来的，即在 SBR 的进水端增加了一个生物选择器，实现了连续进

水、间歇排水。生物选择器的设置，可以有效地抑制丝状菌的生长和繁殖，克服污泥膨胀，提高系统的运行稳定性。CASS 工艺对污染物质降解是一个时间上的推流过程，集反应、沉淀、排水于一体，是一个好氧—缺氧—厌氧交替运行的过程，具有一定的脱氮除磷效果。与传统的活性污泥法相比，CASS 工艺具有建设费用低，运行费用省，有机物去除率高、出水水质好，管理简单、运行可靠，污泥产量低、性质稳定等优点。CASS 工艺的设计参数包括：污泥负荷为 0.1 ~ 0.2 kg $BOD_5$/（kg MLSS·d），污泥龄为 10 ~ 30 d，水力停留时间为 12 h，工作周期为 4 h，其中曝气 2.5 h，沉淀 0.75 h，排水 0.5 ~ 0.75 h。已有研究和工程实例表明，采用 CASS 工艺处理的中水水质稳定，优于一般传统生物处理工艺，其出水接近我国规定的相应标准。在高浓度污水的处理回用中其优越性越加明显。在多个工程应用基础上推出的 CASS+ 膜过滤工艺，已经应用于装备指挥学院污水处理及回用（2000 $m^3$/d）、总参谋部污水处理及回用（3000 $m^3$/d）和中华人民共和国济南海关污水处理及回用（100 $m^3$/d）等工程，取得了良好的社会效益和经济效益，为污水处理和回用提供了新的工艺。

# 第三节　中水回用工程实例

## 一、大化集有限责任公司团中水回用工程方案设计

大化集团有限责任公司是大连市用水大户。集团正常用水指标为冬季 38160 t/d，其他季节 34660 t/d。近年来，大化集团十分重视节水工作，使实际用水量一降再降。目前用水指标为 22714 t/d，实际压缩了 34.5%。要继续压缩用水指标，必须考虑中水回用问题。

1. 中水处理工艺

（1）水量及水质。中水回用处理站源水来自大连市春柳河污水处理厂二级出水，处理能力为 6000 t/d。采用二级处理，处理后的中水绝大部分用于合成氨厂循环冷却水补水（5000 t/d），其他用于化工生产和绿化（1000 t/d）。污水处理厂二级出水，即中水处理站的进水水质指标见表 5-3。

（2）工艺流程。鉴于上述水质特点，其主要处理对象是总碱度、总固体物、氯离子及 COD 等，其处理工艺流程如图 5-1 所示。

表 5-3 进水水质指标

| 分析项目 | 污水厂二级出水 | 一级出水 | 二级出水 |
|---|---|---|---|
| pH 值 | 6.5～8.5 | 6.5～8.5 | 6.5～8 |
| 浊度（度） | 50 | 5 | 5 |
| 总固体（mg/L） | 1200 | 1000 | 150 |
| 总硬度（以 $CaCO_3$ 计）（mg/L） | 500 | | |
| 总碱度（以 $CaCO_3$ 计）（mg/L） | 500 | | |
| 氯离子（mg/L） | 300 | | |
| $COD_{Cr}$（mg/L） | 120 | | |
| $BOD_5$（mg/L） | 40 | | |
| 氨氮（mg/L） | 30 | | |
| 总磷（mg/L） | 3 | | |
| 石油类（mg/L） | 10 | | |
| 总铁（mg/L） | 2 | | |
| 悬浮物（mg/L） | 50 | | |
| 异氧菌总数（mg/L） | $5 \times 10^5$ | | |

注：一级出水用于化工生产和绿化，二级出水用于循环冷却水补水。

图 5-1 中水回用工艺流程

一级处理工艺采用 CASS 工艺方式，在预反应区内，有一个高负荷生物吸附过程，随后在主反应区经历一个低负荷的基质降解过程。CASS 工艺集反应、沉淀、排水为一体，微生物处于好氧—缺氧—厌氧周期性变化之中，有较好的脱氮、除磷功能。考虑到污水有机物含量低，在池中投加弹性填料给微生物提供栖身之地。

合成氨厂工艺设备是引进德国林德公司的成套设备，循环冷却水系统的水质要求较高，源水经一级处理后，其水质与循环冷却水补水水质要求相差较大，特别是 $Cl^-$ 含量较高，$Cl^-$ 的去除在工业化中一般不能采用化学沉淀方法和转换气态等办法，只能采用膜法处理。为此，二级处理工艺选用了 RO 反渗透装置，该工艺采用膜法脱盐，集团选用了进口复合膜，该膜既具备了复合膜的低压、高通量、高脱盐率等优点，同时又克服了传统的复合膜表面带负电。因此，该膜又具备了耐污染性的特殊优点。

2. 主要处理构筑物及工艺设备

（1）主要处理构筑物。

① CASS 生化反应池：外形尺寸为 21 m×10 m×6 m，钢混凝土结构，有效容积 1200 m³，有效水深约 5.5 m，停留时间 4.8 h。

②复配混凝池：外形尺寸为 6 m×2.5 m×4 m，钢混凝土结构，内做防腐，有效容积 104 m³，分为 3 格。停留时间 10 min。

③平流式沉淀池：外形尺寸为 24 m×7 m×4 m，钢混凝土结构，有效容积 500 m³，停留时间 2 h。

④溶盐池：钢结构，12 m×5.5 m×2.5 m，总有效容积 160 m³。

⑤污泥池：钢结构，4 m×4 m×3.3 m，有效容积 48 m³。该池设在污泥脱水机房。

⑥污泥脱水机房：砖混结构，面积 200 m²。

⑦清水提升泵房：砖混结构，面积 260 m²。

⑧综合厂房：砖混结构，包括二氧化氯发生器、加药系统、鼓风机、污水提升泵、吸附罐的再生系统及值班控制室。

⑨吸附过滤厂房：砖混结构，面积为 280 m²，外形尺寸为 20 m×14 m×8 m，内装 5 台 φ3600 吸附过滤器。

⑩反渗透厂房：砖混结构，24 m×5 m×3.5 m，内设反渗透本体、保安过滤器、10 m³ 容积的吸水箱、高压泵、酸液罐及其酸洗泵等设备。

（2）主要工艺设备。

①潜水混合液回流泵，3 台，高峰时同时用。$Q$=100 ~ 150 m³/h，$H$=10 m，

$N$=5.5 kW。

②潜水搅拌机，2台，每台 7.5 kW，设在 CASS 池内。

③微孔曝气器（自闭式），约 400 个，安装在 CASS 池内。材质：内壳 ABS，外为特种橡胶。

④刮、吸泥机，2 套，宽 7 m，功率为 3 kW/ 台。安装在平流式沉淀池。

⑤离心鼓风机，1 台工作，主要用于 CASS 池的曝气系统。$Q$=16 ～ 20 m³/min，$H$=6 m，$N$=55 kW。

⑥中间加压水泵，2 用 1 备。该泵主要作用是将二沉池的出水提升后送入吸附过滤罐，以使该设备在大于或等于 2.5 kg/cm² 的压力下运行。$Q$=100 ～ 150 m³/h，$H$=35 m。

⑦加药设备：PAC 溶药及加药系统 2 套，2.5 kW（包括计量泵）交替使用。NCF 溶液槽及加药系统 2 套，2.5 kW（包括计量泵）交替使用。

⑧吸附过滤，采用压力过滤器，设计滤速 6 ～ 8 m/h，共设 5 台，4 用 1 备，$\varphi$ 3600×6000。

⑨反渗透系统：总运行功率 180 kW，总装机功率 250 kW，产水量 4500 m³/d，产水率 75%。

⑩灭菌设备：采用化学法的二氧化氯发生器。$ClO_2$ 投加量为 10 g/m³ ［水］，6.25 kg/h。选用 BD-3000 二氧化氯发生器 2 套，每套电功率 1.5 kW，包括温控、投加系统及发生器。

3．投资估算及经济技术指标

（1）投资估算。投资构成见表 5-4。

表 5-4　投资构成

| 项目名称 | 造价（万元） |
| --- | --- |
| 土建工程费用 | 194 |
| 设备及安装费用 | 897 |
| 其他费用 | 265 |
| 总计 | 1356 |

（2）运行成本估算。工艺处理成本构成见表 5-5。

（3）经济效益。中水回用后，每年可以节约新鲜水量 $2.2×10^6$ m³，按大连市工业用水费 2.5 元 /t 计，每年的直接经济效益为 150 万元。

表 5-5　工艺处理成本构成

| 序号 | 名称 | | 用量 | 单价 | 年成本（万元） |
|---|---|---|---|---|---|
| 1 | 源水水费 | | 6000 m³/d | 1 元/t | 216 |
| 2 | 电费 | 一级出水 | 3200kw·h/d | 0.45 元/kw·h | 52.56 |
| 3 | PAC 药剂费 | 二级出水 | 4500kw·h/d | 0.45 元/kw·h | 70.6 |
| 4 | NCF 药剂费 | | 360 kg/d | 2500 元/t | 32.5 |
| 5 | 食盐 | | 90 kg/d | 6000 元/t | 19.5 |
| 6 | 二氧化氯费 | | 0.6 t/d | 500 元/t | 10.8 |
| | | | 60 kg/d | 4 元/kg | 0.864 |
| 7 | 工资福利 | | 10 人 | 1000 元/（人·月） | 12 |
| 8 | 年运行成本 | 一级出水 | | 327.364 万元/a | |
| | | 二级出水 | | 414.664 万元/a | |
| 9 | 水费 | 一级出水 | | 1.52 元/t | |
| | | 二级出水 | | 1.92 元/t | |

（4）环境效益。经过处理后，每年可少向环境排放污染负荷为：

$COD_{cr}$：$\{（120-30）\times 6\,000+（30-20）\times 5\,000\}\times 10-6\times 365=215.35$ t

悬浮物：$（50-5）\times 6\,000\times 10-6\times 365=98.55$ t

4．结语

该工程由大连市经委组织有关专家对该方案进行了技术评审，得到了与会专家们的普遍好评，大家一致认为该方案工艺设计合理，技术含量高。该处理站建成后，一方面可以缓解水资源紧张的矛盾，给企业带来经济效益；另一方面又具有巨大的社会效益和环境效益，减少了对环境的污染，在水资源的开发利用和保护等方面具有行业示范效应。

## ■ 二、北京地铁古城车辆段的中水回用工程

北京地铁古城车辆段污水处理站，经过十多年的运转大部分设备已经老化，处理能力也有所下降，出水水质不稳定且达不到排放标准，更无法满足回用的要求，为此对该污水处理站进行了改建。

1．原水水量及出水标准

据调查，污水处理站接纳的污（废）水有三个来源：含少量生活污水的洗车废水，水量为 100～130 m³/d；洗浴废水，水量为 50～70 m³/d；办公区生活污水，水量为 20～30 m³/d。因此，确定处理站的处理能力为 300 m³/d。出水水质应达到《北京市中水回用水质标准》，即色度＜40 倍，pH=6.5～9.0，SS≤10 mg/L，$BOD_5$≤10 mg/L，COD ≤ 50 mg/L，LAS ≤ 2 mg/L，细菌总数 ≤ 100 个 /mL，总大肠菌群 ≤ 3 个 /L，管网末端游离余氯 ≥ 0.2 mg/L。

2．工艺流程

原污水处理站有两套处理设施，将洗浴废水和车间含油废水分别进行处理（办公区生活污水因不能自流进入处理站而未处理），对洗浴废水的处理效果较好，但车间含油废水的处理出水水质极少能达到要求，经分析其原因是：混凝沉淀和气浮只能去除非溶解性有机物和浮油，而大部分溶解性有机物只能靠后端的活性炭吸附来去除，活性炭由于使用时间过长而失去了吸附作用，致使出水水质恶化（如定期更换新炭则处理费用太高）。因此，改建时先将车间废水进行混凝沉淀、隔油、气浮处理，再与其他废（污）水混合进行生化及深度处理。工艺流程如图 5-2 所示。

图 5-2 工艺流程

（1）总调节池。采用预曝气，曝气量为 30 ～ 40 m³/h，容积为 50 m³，停留时间为 4 ～ 5 h。

（2）生化处理单元。

一级接触氧化池：利用原清水池改造而成。由于池体位于地下，所以，增加中间水池及提升水泵（GW50-20-15，1 用 1 备）将处理出水提升至二级接触氧化池。该池的有效容积为 50 m³，水力停留时间为 4 h，采用球形填料（填充比为 30%）。

二级接触氧化池：有效容积为 25 m³，填装半软性填料约 21 m³，水力停留时间为 2 h，钢结构。沉淀池：钢结构，表面负荷为 1.5 m³/（m²·h），内设斜管。

（3）生物炭滤池。设计处理量为 300 m³/d，滤速为 5 m/h，有效过滤面积为 3.1 m²，生物炭滤池直径为 2.0 m、总高为 3.0 m，其中承托层厚为 0.3 m，炭层厚为 1.2 m，超高取 1.5 m。采用水反冲，冲洗强度为 10 L/（m²·s），冲洗时间为 10～15 min，反冲洗周期为 3～5 d。采用穿孔管鼓风曝气，控制溶解氧＜5 mg/L（气水比为 15：1）。

（4）回用清水池。回用清水池利用处理站内原有的中水回供水池，池内设自来水自动补水系统，当处理系统进行检修或者发生故障时，可保证水的正常供给。

（5）污泥干化池。污泥干化池长为 6 m、高为 1.8 m、宽为 2 m，池内设穿孔管集水系统，上覆级配砂石，干化污泥定期由人工清除。

3．处理效果及经济分析

改造工程投入运行后处理效果良好，运行结果见表 5-6，出水各项指标均达到《北京市中水回用水质标准》，可用于冲刷地铁电动客车、浇灌绿地、冲洗厕所和刷洗办公用车等。

表 5-6　运行结果

| 项目 | 总调节池出水 | 最终出水 |
| --- | --- | --- |
| 色度（倍） | 45 | 15 |
| 嗅 | 有异味 | 无不快感觉 |
| pH 值 | 8.5 | 8.47 |
| COD（mg/L） | 400 | 13 |
| BOD$_5$（mg/L） | 250 | 2 |
| LAS（mg/L） | 2.41 | 0.41 |
| SS（mg/L） | 79 | 5 |
| 细菌总数（个 /mL） | $6.0 \times 10_5$ | 0 |
| 总大肠菌群（个 /L） | 满视野 | ＜3 |

该工程于 2003 年 7 月 11 日开工，同年 11 月 20 日竣工，总投资为 79.20 万元，年运行费用为 11.24 万元，其中人工费为 3.60 万元 /a，电费为 5.184 万元 /a，药费为 0.36 万元 /a，日常维修费为 2.1 万元 /a（按设备投资的 3% 计），则处理成本为 1.04 元 /m³（不含折旧）。北京市的自来水费为 3.00 元 /m³，排污费为 0.80 元 /m³，工程投产后按节约自来水 8×10⁴ m³/a 计，则节约水费约 30.40 万元 /a，创经济效益约 19.144 万元 /a。

4．结语

北京是一个缺水的城市，如何做好企业的节水工作是当前城市节水的一个重要课题。北京地铁古城车辆段污水处理站改造工程既解决了污水的排放和污染问题，又达到了节约水资源的目的，还产生了一定的经济效益，被评为北京市节水型单位，为其他企业开展节水工作提供了一些可借鉴的经验。

# 第六章  城市污水处理的自动控制

## 第一节  自动控制技术概述

自动控制技术是能够在没有人直接参与的情况下，利用附加装置（自动控制装置）使生产过程或生产机械（被控对象）自动地按照某种规律（控制目标）运行，使被控对象的一个或几个物理量（如温度、压力、流量、位移和转速等）或加工工艺按照预定要求变化的技术。

随着社会的发展和人类生活水平的提升，污水排放量也在快速增加。改革开放以来，环境污染问题不断增大，国家和地方对于污水排放标准也在不断提高，这就要求污水治理企业对污水处理工艺、污水处理能力的要求也越来越高，其中一个非常重要环节就是优化污水处理的自动化控制系统，从而实现对污水处理厂的半自动乃至全自动控制，这样不仅能保证出水水质，而且可节省能耗与运行费用，有利于达到国家节能减排的要求，这也是污水处理行业的发展趋势。

自动控制技术已作为污水处理厂设计的一个标准。为了对设施进行有效的运行及降低能源需求，急需自动控制技术。调查表明当前将近50%的控制环路仍然基于手动控制模式。因此，自动控制技术的潜力很大，尤其在污水处理方面，原因如下。

（1）经济性。目前许多国家已制定了关于污水的最低允许排放标准，并且根据出水污染程度（不同的排放成分规定不同的加权因子）收取排污费用。无论如何，应尽可能降低费用、提高处理效果。应用传统的设计方法扩建污水厂增大反应器容积，从长远上说是较昂贵的，自动控制技术的应用可以使基建费用大大降低，这是最主要的经济因素。

污水回用将是未来的一个研究方向，污水成为产品，这表明污水处理可以盈利。这更促进了自动控制技术的深层次发展，从而在工业生产中节约原材料和产品。

（2）污水厂的复杂化。污水厂的复杂化可能是应用自动控制技术最重要的动力。污水中营养物的去除变得越来越普遍，从而使污水厂的复杂程度大大增加。活性污泥不仅在好氧，而且还在缺氧、厌氧条件下运行，污水厂需要连续运行进一步强调了自动控制技术在污水处理中的必要性。

（3）出水水质标准。公众安全意识的不断增强是自动控制技术发展的有效推动力，国家水质管理策略的形成将推动污水处理的发展。许多国家对污染物超标排放加大了罚款力度。出水水质标准必须技术上、经济上可行，必须始终保证出水水质达标和较好的处理性能，自动控制技术为其提供了可能。

近年来自动控制技术发展迅猛，特别是计算机技术、网络和通信技术发展的突飞猛进，使人们借助于许多使能技术的进步和一些开发工具的扩大，将人们构思的自动操作得以付诸实现。网络控制技术、可编程控制器等均属于自动化控制技术中的使能技术。自动控制技术正向着网络化、集成化、分布化、节点节能化的方向发展。自动控制技术的发展得益于以下五个因素条件。

（1）仪表技术已非常成熟，复杂的仪表现在已普遍应用于现场，如在线营养物传感器和呼吸计；

（2）控制器近年来不断提高，变频泵和压缩机已广泛应用，可更好地控制污水厂；

（3）计算机功能大大发展，几乎不再是控制系统的限制因素；

（4）数据收集已经不是最大的瓶颈。现已有数据获取和污水监控的软件包。一些公用设施已经在设计、安装它们的第三代甚至第三代的 SCADA（数据采集与监视控制）过程控制系统。这些系统的优势明显，可以应用多变量统计和软计算方法的数据加工工具。

（5）控制理论和自动化技术提供了功能强大的工具，例如可以识别不同控制方法的基准。

在节能减排的新形势下，污水处理对于自动化产品提出了更高的要求。良好的质量控制，使产品能够高效、稳定地运行，为保证水厂高效稳定运行，污水处理对控制系统的高可靠性要求，要求 PLC（可编程逻辑控制器）支持多种冗余方式，能够更好地提高系统的可靠性，提高水厂、污水厂的运行效率，为更严格的水质达标提供保证。

# 第二节　污水处理的自动控制系统的基本组成

任何一个自动控制系统都是由被控对象和控制器有机构成的。自动控制系统根据被控对象和具体用途不同，可以有各种不同的结构形式。图 6-1 是一个典型自动控制系统的功能框图。图中的每一个方框，代表一个具有特定功能的元件。除被控对象外，控制装置通常是由测量元件、比较元件、放大元件、执行机构、校正元件以及给定元件组成。这些功能元件分别承担相应的职能，共同完成控制任务。

图 6-1　典型的反馈控制系统方框图

被控对象：一般是指生产过程中需要进行控制的工作机械、装置或生产过程。描述被控对象工作状态的、需要进行控制的物理量就是被控量。

给定元件：主要用于产生给定信号或控制输入信号。

测量元件：用于检测被控量或输出量，产生反馈信号。如果测出的物理量属于非电量，一般要转换成电量以便处理。

比较元件：用来比较输入信号和反馈信号之间的偏差。它可以是一个差动电路，也可以是一个物理元件（如电桥电路、差动放大器、自整角机等）。

放大元件：用来放大偏差信号的幅值和功率，使之能够推动执行机构调节被控对象。例如功率放大器、电液伺服阀等。

执行机构：用于直接对被控对象进行操作，调节被控量，例如阀门、伺服电动机等。

校正元件：用来改善或提高系统的性能。常用串联或反馈的方式连接在系统中。例如 RC 网络、测速发电机等。

污水处理自动化控制系统主要控制对象为：格栅、总泵房、沉砂池、生物反应池、沉淀池、加氯间、污泥处理装置、鼓风机房等。系统不仅能根据一定的程序、时间和逻辑关系集中控制污水处理过程中的设备启停，系统还能够通过在线监测仪表如 pH 计、溶解氧计、污泥浓度计、浊度仪等采集污水处理各环节水质情况，并且根据这些数据自动控制曝气设备、加药设备、搅拌设备以及排水设备的运行，并对污水处理厂出水水质进行监控。同时，系统能监测全厂供电系统的状态，统计全厂能耗，还有运行故障诊断记录、生产报表记录等功能。

# 第三节 污水处理的自动控制系统

污水处理厂自动控制系统要求能够实现"集中管理、分散控制"的监控模式，使得局部故障不影响主体正常运行，将风险分散，确保系统的可靠性。系统内部的配置和调整灵活，构建弹性化，可根据不同工艺处理要求及用户需求进行优化，并具备很好的开放性、兼容性和扩展性，可应用不同品牌的软硬件进行整合，可无缝的把分期建设的系统融为一体。

自控系统要充分考虑与厂外污水厂、泵站、水务局自控系统接口，可采用多种通信解决方案，组成广域网统一监控。并使用完整的系统监控管理功能，能有效地实现工艺处理的控制、诊断和调度，采用先进的节能降耗控制技术，节能效率高。

## 一、污水处理系统控制形式

（1）DCS系统，集散控制系统的简称，又称为分布式计算机控制系统，是由计算机技术、信号处理技术、测量控制技术、通信网络技术等相互渗透形成的。由计算机和现场终端组成，通过网络将现场控制站、检测站和操作站、控制站等连接起来，完成分散控制和集中操作、管理的功能，主要是用于各类生产过程，可提高生产自动化水平和管理水平，其主要特点如下。

①采用分级分布式控制，减少了系统的信息传输量，使系统应用程序比较简单。

②实现了真正的分散控制，使系统的危险性分散，可靠性提高。

③扩展能力较强。

④软硬件资源丰富，可适应各种要求。

⑤实时性好，响应快。

（2）现场总线控制系统，是由DCS和PLC发展而来的，是基于现场总线的自动控制系统。该系统按照公开、规范的通信协议在智能设备与计算机之间进行数据传输和交换，从而实现控制与管理一体化的自动控制系统，其优点如下。

①可利用计算机丰富的软硬件资源。

②响应快，实时性好。

③通信协议公开，不同产品可互连。

（3）PLC系统，可编程逻辑控制器用于处理系统的控制器，实现控制系统的功能要求，也可利用计算机作为上位机，通过网络连接PLC，对生产过程进行实时监控，其特点如下。

①编程方便、开发周期短、维护容易。

②通用性强，使用方便。

③控制能力强。

④模块化结构，扩展能力强。

## ■ 二、基于 PLC 系统的污水处理系统

污水处理厂自动化控制系统分为三级管理，包括生产管理级（中央控制室）、现场控制级（PLC控制站）及就地控制级。现场各种数据通过PLC系统进行采集，并通过主干通信网络——工业以太网传送到中央控制室监控计算机集中监控和管理。同样，中央控制室监控计算机的控制命令也通过上述通道传送到PLC的测控终端，实施各单元的分散控制。

（1）生产管理级（中央控制室）。中控室管理层是系统的核心，完成对污水处理过程各部分的管理和控制，并实现厂级的办公自动化。通过高分辨率液晶显示器及投影仪可直观地动态显示全厂各工艺流程段的实时工况、各工艺参数的趋势画面，操作人员可及时掌握全厂运行情况。

（2）现场控制级（PLC站）。控制层是实现系统自动控制的关键。按照自动控制工艺要求，控制层的PLC通过程序控制整个污水处理厂的设备，实现对现场设备运行状态以及参数（如压力、流量、温度、pH值等）的采集，以及执行管理层的命令。

（3）就地控制级（设备层）。将现场控制箱上的"就地/远程"旋钮切换至"就地"位置，通过箱上的"启动/停止"按钮实现设备的就地启停控制。

## ■ 三、目前污水处理厂常用的自动控制方案

1. 曝气池中溶解氧自动调节方案

根据工艺要求，污水处理厂曝气池内的溶解氧含量通常要控制在2 mg/L左右，过量的曝气会使能耗增高，增大运行费用；曝气不足会使溶解氧含量低，不利于水中微生物生长，会直接影响处理效果。因此，保持曝气池内溶解氧处于一定的浓

度，是污水处理过程控制中比较关键的任务之一。由于曝气池内溶解氧浓度同进水水质、温度、压力、曝气量等有着非常密切的关系，这些外界条件发生变化时，溶解氧浓度也随之发生变化。如何控制曝气池中的溶解氧浓度，是污水处理过程中自动调节系统的主要任务之一。

（1）单回路定值调节方案。定值调节，又称恒值调节，指在整个生产过程中所要控制的参数始终恒定不变，保持一定的值。在污水处理中，曝气池中的溶解氧浓度在一定时间范围内需要保持不变。可以采用由溶解氧分析仪、PID调节器、调节阀及曝气池和送气管路组成的单回路定值调节系统（图6-2）。由溶解氧分析仪将溶解氧测量出来并作为测量信号送入调节器。在调节器内部同工艺要求的给定值进行比较，比较结果即为偏差信号，调节器将此偏差信号进行PID运算后输出去控制调节阀的开度，从而控制曝气池内的溶解氧浓度。

图6-2　溶解氧单回路定值调节系统

（2）溶解氧、流量串级调节方案。对于大型污水处理厂曝气池的溶解氧控制，常用以溶解氧作为主调节参数和曝气流量作为副调节参数的串级调节系统。溶解氧主调节器和曝气流量副调节器串接工作，溶解氧主调器的输出是作为副调节器的给定值，由副调节器控制调节阀动作。溶解氧作为主调参数，是工艺控制的指标。曝气流量为副调参数，是为了稳定主参数而引入的辅助参数。主调节器按照主参数工艺给定值的偏差进行工作，副调节器按照流量这一副参数与来自主调节器的给定值的偏差进行工作，其输出直接控制调节阀。

2．污泥消化池的温度调节系统

污泥消化池温度，也是污水处理厂工艺的参数之一。污泥消化池大多采用蒸气加热，可以是直接加热，也可间接加热，可以在消化池内直接加热，也可将污泥在专设的加热至设定温度后投配至消化池，温度调节系统也随之不同。

3．循环式活性污泥（CAST）工艺的运行控制方案

CAST工艺运行控制要求CAST池共2个，均设置有进水、进气、排水、排泥控制阀和液位计。鼓风机在启动后无故障时连续运行，要求至少有一个进气阀打开，

污泥回流泵一般为间歇运行。滗水器的运动是靠水力运动自动完成的，由排水控制阀控制。

每一个 CAST 反应池，运行周期为 4.0 h，每日运行 6 个批次，每个周期中，进水 2.0 h，污泥回流 2.0 h，曝气 2.0 h，沉淀 1.0 h，排水 < 1.0 h，每个 CAST 池均按以上程序运行。其程序控制如图 6-3 所示。

图 6-3　CAST 工艺程序控制图

4．T 形氧化沟运行控制方案

T 形氧化沟为三沟交替工作式氧化沟系统，运行非常灵活，曝气、沉淀均在沟内进行，不需要二沉池和污泥回流系统，通过合理地编排运行程序还可以有效地实现脱氮除磷功能。

从过程控制的角度来看，T 形氧化沟的工艺运行控制就是按照一定的时间、顺序和逻辑关系对一些控制阀门、出水堰及转刷进行开启、关停控制，是典型的顺序逻辑控制。

脱氮除磷在 T 形氧化沟的运行程序，一般分为 8 个阶段，作为一个运行周期，每周期历时 8 h。8 个阶段脱氮除磷运行方式如图 6-4 所示。

图 6-4　T 形氧化沟脱氮除磷运行方式

# 第四节　污水处理的自动控制系统工程实例

## 一、海兴县污水处理厂

海兴县污水处理厂设计规模为日处理污水 $2 \times 10^4$ t，出水标准为一级 A。水厂工程采用 CASS+ 深度处理工艺，厂区主要由格栅及沉砂系统、提升泵房、CASS 池生物反应系统、曝气生物滤池系统、V 形滤池系统及污泥浓缩系统构成。工艺流程如图 6-5 所示。

（1）格栅系统控制。格栅系统主控对象为格栅机组、螺旋输送机以及超声波液位计。其控制可在监控计算机上设置液位控制和定时控制，当采用液位控制时，是靠格栅的前后液位差来控制格栅机的启停，当液位差达到设定的水位上限时，PLC控制器会发出命令启动格栅设备；当水位差小于设置的下限时，格栅机组将接收到PLC控制器发出的停止的信号。操作人员可以在上位机上设定设备的启停液位或者运行周期。

图 6-5  污水处理工艺流程图

（2）提升泵控制。提升泵的控制工艺要求是根据液位的高低来自动控制提升泵的启停，项目现场采用两用一备方式。当其中的泵出现故障时，故障泵会自动切出自控程序，备用泵会自动切入自控程序。这样长期运行能保证泵的运行时间大致相同。

（3）旋流沉砂系统控制。旋流沉砂系统主控对象为搅拌器、罗茨风机和砂水分离器。系统工作原理如下：污水从沉砂池的切向进入，具有一定的流速，从而对砂砾产生离心力，使较重的砂砾沿池壁沉降到池底集砂槽。搅拌器的桨叶旋转形成轴向涡流，产生一个轻微的上升流动，从而带动污水排出，流入下一道工艺流程进行处理。罗茨风机为旋流沉砂池提供空气，达到气提的作用；另外，气提直接将沉砂输送到砂水分离器，实现砂砾与污水的彻底分离。其控制工艺要求如下：搅拌器、风机和砂水分离器以一定周期运转，通过工程师站可以设定运行时间。

（4）CASS 池系统控制。CASS 池系统操作周期分为四个步骤：1）曝气阶段。鼓风机向反应池内充氧，此时有机污染物被微生物氧化分解；2）沉淀阶段。微生物利用水中剩余的 DO 进行进一步氧化分解，活性污泥逐渐沉淀到池底，上层水变清，污泥回流泵将部分活性污泥送回预反应区，剩余污泥泵则将反应池多余污泥抽到污泥脱水间；3）滗水阶段。沉淀结束后，置于反应池末端的滗水器开始工作，自上而下逐渐排出上清液；4）闲置阶段。滗水器上升到原始位置阶段，等待下一周期滗水。根据上述工艺要求，对 CASS 工艺的各个阶段编写控制子程序。

（5）曝气生物滤池系统控制。曝气风机其控制工艺要求：曝气风机为 24 h 运转，每天中午 12 点更换一台风机，这样可以保证三台风机运行的时间大体相等。

（6）V 形滤池系统控制。V 形滤池系统的自动控制主要是滤池的自动反冲洗功能。子程序控制的主要设备有反洗泵、反洗风机、阀门以及仪表工艺参数，每两天进行一次反冲洗。

反冲洗系统控制主要是控制反洗风机、反洗泵以及阀门来实现反冲洗的功能，每两天进行一次反冲洗。

计算机监控画面主要包括全厂工艺图、格栅及沉砂系统、CASS 工艺、曝气生物滤池、V 形滤池、仪表数据图、趋势图、报警图、报表，各个画面之间可以实现自由切换。全厂工艺如图 6-6 所示。

图 6-6　海兴县污水厂全厂工艺图

该自动控制系统实行集中控制、分散管理的方法，把管理层和控制层分开，通过对全过程的监控，实现了污水处理整个过程的全自动化运营，保证了污水生产运行的安全可靠，大大提高了污水处理的自动化控制水平和管理水平，减轻了劳动强度，从而提高了生产效率，降低了水厂能耗。

## 二、上海白龙港污水处理厂

上海白龙港污水处理厂位于浦东新区合庆乡东侧长江岸边，该处已建白龙港预处理厂，新厂扩建位于预处理厂北侧长江边，总用地面积 120 km²，主要包括市中心区、闵行区及浦东新区，这些地区部分为合流制，部分为分流制。考虑近期污水系统完善尚待时日，故白龙港污水厂近期处理水量为 $1.2 \times 10^6 \, m^3/d$。鉴于该污水规模较大，生产控制系统采用了先进的自动化控制方案，实现对污水处理整个流程的控制功能。该控制系统对扩展性、开放性及可持续性，都具有相当高的要求。

本系统采用目前国内外污水处理厂广泛应用并取得良好效果的基于可编程逻辑控制器（PLC）的集散型控制系统，以及监控和数据采集（SCADA）系统。集散型控制系统的特点是将管理层和控制层分开。管理层主要是对全厂的生产过程进行监视、数据存储和分析；控制层主要是通过现场 PLC 或计算机完成各自辖域内工艺过程和工艺设备的自动控制，同时在传统控制的基础上，提供了智能控制的可能性。SCADA 系统通过现场检测仪表和网络设备完成对主要工艺参数的数据采集并对生产流程进行监控。

污水处理的主要对象是泥和水，泥主要通过沉淀排出，污水则要经过充分反应处理后达标后才能被排出。在污水经过各工序的过程中，每个工序中其相应的工艺控制设备都需要进行监控。该污水处理厂采用的工艺流程如图 6-7 所示，主要控制部分为加药间、高效沉淀池、污泥脱水、中水回用等环节。

图 6-7　污水处理流程图

高效沉淀池需要通过加药环节来对原水进行处理，在反应器中与混凝剂和聚合物反应去除相应化学物质，再经过污泥循环和沉淀，进而将处理后的水排放，该控制系统是整个水处理的主要流程，工艺流程如图 6-8 所示。

根据该系统的工艺，组态监控系统功能如下。

（1）对该系统内的设备运行状态进行动态监视并按照自动运行模式控制现场设备运行。

（2）具有故障报警（声光报警）功能，保存报警记录，并能进行简单设备切换处理。

图 6-8　工艺流程

（3）在手动运行模式下，操作工可通过下位机启停、调节现场设备的运行方式。

（4）和上位机进行通信，上传系统数据，接收并执行上位机的操作指令。

（5）具有加密功能，进行操作权限管制。

该污水处理监控系统主体包括工艺监控工作站、电力监控工作站、管理工作站、工程师站及备份工作站、7 个 PLC 控制站，网络采用 100 Mbit/s 的以太网，系统拓扑结构如图 6-9 所示。

图 6-9　系统拓扑结构图

该系统上位机控制系统具有以下功能。

（1）对整个系统内的设备及运行结果（泥位、液位、流量）具有控制、监视、参数设定、故障报警、故障诊断功能。

（2）根据污水处理工艺和逻辑的要求，严格执行设备开启、停止、故障或紧急停机等控制。

（3）系统动态显示，画面将各个工艺流程直观地显示在屏幕上，可以实时监控系统设备的工作状态和参数。

（4）选择合理的自动运行模式，使整个系统的运行处于安全稳定的状态，并能达到污水处理的工艺要求。

（5）当设备或控制参数接近非正常状态时，界面有报警提示，并伴有声音报警。

（6）进行报警历史记录，将故障分类整理归档，且报警记录不可删除，用于事故分析和追忆。

（7）历史数据通过历史库进行存储，操作人员可以方便地生成重要设备和监测指标的运行报表和曲线，并具有随时进行调用、打印功能。

（8）系统具有用户权限管理功能，对工程各关键操作都设有不同级别的权限，以保证系统的安全性。

本系统目前已投入运行，系统运行稳定可靠。由于监控系统对整个生产过程都进行了实时监控，操作人员只需要通过监视器就能了解生产运行情况，同时能够实时掌握工艺过程中各工艺参数的变化情况，并通过声光报警、语音报警，对所发生的事故能够及时处理，具有故障自动诊断功能，一旦数据超出正常允许范围会发出自动停机命令，便于安排运行、检修计划，大大提高了工作效率，实现了节能降耗、提高水质的目标，为合理调度提供了决策依据。该系统与厂内其他控制系统均具有数据通信接口，具有良好的扩展性，能够为生产管理提供可靠的数据。

## ▍三、纪庄子污水处理厂

纪庄子污水处理厂升级改造工程是天津市重点污水处理工程项目之一，内容包括污水处理厂的工艺设备、电气设备、自控仪表设备。纪庄子污水处理厂服务于天津市纪庄子排水系统，升级改造工程设计规模为 $4.5 \times 10^5$ t/d。纪庄子污水处理厂位于天津市河西区卫津河以西、津港运河以北、纪庄子排污河以南，占地面积 $3 \times 10^5$ m²污水处理采用多级 A/O 处理工艺。

本工程建设内容为改造老系统曝气沉砂池 1 座，改造老系统初沉淀池集配水井 2 座，改造老系统初次沉淀池 2 座，改造老系统初次沉淀池为 2 座厌氧池、改造老系统生物池 4 座、改造老系统污泥泵房 2 座、新建老系统接触池 1 座、改造老系统加氯间 1 座、改造扩建系统初次沉淀池 1 座为厌氧池、改造扩建系统生物池 4 座、新建扩建系统接触池 1 座、改造扩建系统污泥泵房 1 座；新建加药及碳源投加间 1 座、新增除臭系统，以上建设内容全部引入自控系统。污水、污泥处理工艺流程如图 6-10 所示。

图 6-10　污水、污泥处理工艺流程框图

根据污水处理工艺的控制要求，污水处理工程自动化控制系统分为三级管理，包括生产管理级（中央控制室）、现场控制级（PLC 控制站）及就地控制级。现场各种数据通过 PLC 系统进行数据采集，并通过主干通信网络——工业以太网传送到中央控制室监控计算机进行集中监控和管理，传输介质为光纤，通信速率为 100 Mbit/s。同样，中央控制室监控计算机的控制命令也通过上述网络通道传送到 PLC，实施对各单元的分散控制。构建污水厂自动化控制系统拓扑结构与功能配置如图 6-11 所示。

1. 生产管理级（中央控制室）

中央控制室设有两台监控操作站、一台工程师站、两台数据服务器、一台视频监视服务器、一套 DLP 拼接屏、一台故障打印机、一台图表打印机、UPS 电源、一台网络机柜。

纪庄子污水处理厂升级改造工程——计算机综合管理控制系统

图 6-11 污水厂自动化控制系统的拓扑结构与配置图

主要完成对生产过程的管理、调度、集中操作、监视、系统功能组态、控制参数在线修改和设置、记录、报表生成及打印、故障报警及打印，对实时采集的数据进行处理，控制操作以及分析统计等功能。通过高分辨率液晶显示器及 DLP 拼接屏可直观地动态显示全厂各工艺流程段的实时工况、各工艺参数的趋势画面，使操作人员及时掌握全厂运行情况。

同时，中央控制室还配置了专业的工业数据库软件，该项目需要进行历史数据存储的变量点数达 8000 多点，同时对数据的存储频率要求很高，普通变量要求 30 s 记录一个数据，对于数据精度要求较高的变量，例如"瞬时流量"，要求 10 s 记录一次。所存储的数据包括各监测点水质数据、瞬时流量、累计流量，提升泵、闸门、污泥泵、刮泥机、搅拌机、鼓风机等各设备电压、电流、功率、耗电量，各设备启停时间、启停次数、累计运行时间、故障次数等。

2. 现场控制级（PLC 控制站）

控制层是实现系统自动控制的关键，控制层的 PLC 通过程序控制整个水处理厂设备按照工艺要求自动运转，并实现对现场设备运行状态的采集，现场参数有压力、流量、温度、pH 值等，采集到的数据上传至管理层，并最终通过工业数据库软件进行存储。

按照工艺流程和构筑物分布特点，厂内现有 4 套不同规模的分控站（PLC1～PLC4）。

根据工程改造内容、工艺及控制对象的功能、设备量，以及工艺流程、平面布置、现有控制站布局，将更新现有分控站 PLC2 和 PLC3，调改现有分控站 PLC1 和 PLC4，各 PLC 分别负责各自范围内工艺参数的采集和设备运行的控制。

（1）1# 分控站（PLC1）。负责污水预处理区域的自控，位于 1# 分变电所内，监控范围为粗格栅及进水泵房、细格栅站、进水计量渠、旋流沉砂池、曝气沉砂池、进水分析间、1# 分变电所、预处理区生物除臭等。

PLC1 增补：100MB 以太网模块、总线模块、I/O 模块 -DI=80、DO=24、AI=8、AO=4，采用欧姆龙 CS1 系列 PLC。

（2）2# 分控站（PLC2）- 包括远程 I/O 站 RIO21 ~ 24。负责老系列污水生物处理区域的自控，位于鼓风机房控制室。监控范围调整为初次沉淀池、新建老系统污水提升泵房、分段进水多级 AO 生物池、二次沉淀池、二次沉淀池集配水井、回流污泥泵房、新建老系统接触池、鼓风机房、1# 出水分析间等。

PLC2 更新：CPU、电源、100M 以太网模块、总线模块、I/O 模块 -DI=1360、DO=392、AI=228、AO=42，采用和利时 LK 系列 PLC，双机冗余配置，支持 CPU 冗余、电源冗余、现场总线冗余和以太网冗余。

（3）3# 分控站（PLC3）- 包括远程 I/O 站 RIO31 ~ 34。负责扩建系列污水生物处理区域的自控，位于 3# 分变电所内，监控范围调整为初次沉淀、新建扩建系统污水提升泵房、分段进水多级 AO 生物池、二次沉淀池、二次沉淀池集配水井、回流污泥泵房、新建接触池、出水流量计井、2# 出水分析间、3# 分变电所、新建分变电所、新建加药加氯间、新建碳源投加间等。

PLC3 更新：CPU、电源、100M 以太网模块、总线模块、I/O 模块 -DI=880、DO=280、AI=208、AO=48，采用和利时 LK 系列 PLC，双机冗余配置，支持 CPU 冗余、电源冗余、现场总线冗余和以太网冗余。

（4）4# 分控站（PLC4）。负责污泥处理区域的自控，位于 2# 分变电所内，监控范围为贮泥池、污泥浓缩池、污泥浓缩机房、污泥消化池、污泥控制室、污泥脱水机房、脱硫塔、沼气柜、沼气燃烧火炬、锅炉房、2# 分变电所、污泥处理区生物除臭、新建污泥均质池、新建污泥脱水机房等。

PLC4 增补：100M 以太网模块、I/O 模块 -DI=96、DO=8、AI=36、AO=6，采用欧姆龙 CS1 系列 PLC。

3．就地控制级

就地控制具有最高的控制权限，当自控系统由于一些不可抗力导致无法正常运行时，可以通过就地控制保证污水处理过程的连续性。将现场控制箱上的"就地远程"旋钮切换至"就地"位置，通过箱上的"启动 / 停止"按钮实现就地手动控制。

基于 LK 系列 PLC 的污水处理厂自动控制系统的实现，充分发挥了 LK 可编程控制器配置灵活、控制可靠、开放性强和在线维护方便等优点，为整个系统的安全稳定运行提供了可靠保障，为企业带来了可观的经济效益和良好的社会效益。

## 四、湛江市赤坎水质净化厂

以广东省湛江市赤坎水质净化厂为例，简要介绍了自动化控制系统在该厂污水处理工艺过程中的应用情况。赤坎水质净化厂是湛江市的重点工程，一期工程日处理量为 $5 \times 10^4$ t/d，主要生物处理工艺采用的是"A²/O 微曝气氧化沟"法。该厂的处理工艺流程如图 6-12 所示。

图 6-12　工艺流程图

该厂采用的自动化控制系统主要包括以下五个部分：中央控制室监控设备，可编程控制器（PLC）部分，检测仪表部分，避雷部分，闭路监控部分。目的在于使厂方能够及时了解和掌握污水厂处理过程的运行工况、工艺参数的变化及大小、优化各工艺流程的运行，保证出水水质，降低处理成本，节省能耗，提高运行管理水平，使污水处理厂能长期正常稳定地运行，取得最佳效益。

该厂主要在以下工艺过程中设置了自动控制系统。

（1）在粗、细格栅前后均设置了超声波液位差计，并在现场及中央控制室电脑显示器上实时显示粗、细格栅前后液面的液位差值。根据本厂的处理水质水量设定了工艺值，当前后液位差值大于或等于该工艺值时，可以自动实现对粗、细格栅的连锁启停。

（2）在进水管中安装了电磁流量计，实时测量进水流量并在现场及中央控制室电脑显示器上显示预处理进水泵站的液位值，并自动根据该液位值的高低控制三台进水提升泵的启停，使三台提升泵的运行时间基本上保持平衡，并在电脑上显示出各台提升泵的启停状态。在调节池中设置了 pH 计，可以测定瞬时进水 pH 值，反映进水水质是否符合处理要求。进水 pH 值的设定要求范围是 4.0～9.0，当进水 pH 值不在此范围内时，中控室电脑上会发出声光报警信号，并自动关闭进水闸门，以保证出水水质。

（3）在氧化沟厌氧池中设置氧化还原电位（ORP）在线测定仪一台，在缺氧池及好氧池中分别设置溶解氧（DO）在线测定仪两台，在现场及中控室电脑上均可实时显示测定值，本厂的氧化沟厌氧池 ORP 一般在 –200 MV 左右；缺氧池 DO 一般在 1.0 mg/L 左右；好氧池 DO 一般为 2.0～2.5 mg/L。当监测到的实时值不在设定值范围内时，中控室电脑上会发出声光报警信号，工作人员可据此决定鼓风机开启的台数和曝气量，在保证溶解氧在正常范围内的基础上为用户节省了能源消耗。并通过切换主机、副机的运行状态，使三台鼓风机的累计工作时间基本相等。

（4）在好氧池中设置污泥浓度计两台，实时监测好氧池中的污泥浓度，当池中污泥浓度较大时，会及时减少二沉池中的污泥回流量，增加排泥；当浓度较小时，会适当增加污泥回流量。以上控制过程均可以在中央控制室内根据监测数据进行远程控制。

（5）在二沉池中设置一台泥位计，当在线监测泥位值偏高时，可自动调节刮吸泥机、排泥设备，将剩余污泥外排，防止沉淀污泥发生腐败。

（6）在出水池中设置 pH 计、COD 在线测定仪、污泥浓度计各一台，并在现场及中控室实时监测显示测定值，工作人员可随时掌握出水水质情况，并判定出水是否达标排放。赤坎水质净化厂出水要求达到国家二级标准。

本厂所采用的污水处理自动化控制系统借鉴了国内外先进的计算机软、硬件技术，控制理论及算法，实现了污水处理全过程自动智能控制，节省了人力资源，能够及时、准确地反映工艺过程中各个工艺参数的变化情况，并通过声光报警、数据溢出时自动暂停设备等方式提醒工作人员根据参数变化及时做出调整对策，保证整套处理过程长期稳定、高效的运行。

总之，自动化控制应用于污水处理工艺过程，在国外已有许多成功范例和典型工程实例。近年来，我国也有许多污水处理厂借鉴国外先进技术，将自动化控制合理地应用到污水处理工艺过程当中，并且取得了良好的效果。

# 第五节　污水处理的自动控制技术的发展前景

未来的污水处理自控系统将是集计算机技术、信息技术、自动化技术、网络技术、智能化于一体的系统，水处理工业自动化控制的网络化作业、智能化作业将成为未来发展的主导趋势。随着互联网的发展和不断完善，远程访问和远程管理也将日益应用到水处理行业中。为了进一步增强国家的实力和缩短与发达国家的差距，我们必须进一步加强自动化技术的基础研究和深化应用的程度，随着电子信息技术的发展，只要科学地进行信息控制一体化，抓住现代自动化系统的核心技术，我们一定会开发出更可靠、更快捷、更标准的自动化产品，应用到污水处理领域。

城市污水系统包括一定区域所有可控制的下水道、泵站、水库和污水处理厂。污水处理厂不同单元过程之间，下水道与污水处理厂之间存在很多耦合和交叉因素，为了实现系统的最优控制和运行，需对污水处理厂进行全局或全系统控制，实现全厂控制是污水处理系统过程控制发展的必然趋势。

全厂控制一般包括以下六个主要部分。

（1）数据收集、报告和信息共享。通过一些高性能的驱动程序和标准的通信接口，一个"全厂"系统可以连接上千个设备，并且能收集重要的数据。数据分布和通信结构能保证数据提供给用户、其他污水处理系统和不同的数据库。

（2）实时可视化。运行人员需要把数据变为有用信息，全厂系统不但能从控制室屏幕获得数据，而且通过手动的便携式设备也可以获得数据。警报信息也可以送到标准的数字传呼机。不管运行人员、工艺工程师或管理者，是否在污水处理厂还是离开污水处理厂，根据他们的需求都可以获得想要的信息。

（3）警报管理。一个好的监控系统应该具有报警功能，从而能自动响应，传送给运行人员警报信息，通过关于该事件的其他过程，标明和本事件相关的运行人员和工程师。一个理想的警报系统应该在问题发生前具有识别和解决潜在问题的能力。

（4）可移动的远程通道。很明显，运行人员能应用系统中的调制解调器和污水厂内部互联网远程连接，进行预警报告并且检测污水厂的运行状态。应用此连接，运行和管理人员可以远程检查系统运行状态或修改系统。科技进步实现了远程连接，带有无线本地局域网（LAN）的掌上电脑和人机界面软件可使运行人员和维护人员从污水厂的任何位置，实现和报警器、控制点的接触，从而提高系统的反应时间、促进系统运行灵活性。临时用户应用工业标准浏览器通过互联网可以访问控制系统的安全领域，也就是虚拟的控制室。因此，当污水处理系统出现紧急情况时，运行控制和命令中心在专家的帮助下迅速确定解决方案。

（5）开放的结构。监控系统应具有开放的结构。控制器、I/O和数据线可以适应第三方模块，另外也易于结合在一起。

（6）综合的自动化系统。一个综合的自动化系统应该可以和其他自动化应用（包括过程控制，尤其对系统性能关键的影响因素）紧密联系在一起，并包括工程、文件、质量控制、安全维护、在线仪表、工程资产和维修管理。综合的控制结构也意味着所有的控制器以同样的方式进行编程、配置。系统的数据模型相同，另外，系统可以提供污水厂运行和管理系统之间自然的连接。

实现污水处理厂的自动化是污水处理行业的必然趋势，我国对于污水处理厂自动化控制，当前必须做好以下三个方面。

（1）设备自动化控制。现代污水处理自动控制系统通常设置有中央控制站、现场控制子站、现场控制操作设备3个级别，中央控制站是指厂级的计算机系统，大多设于厂区办公区域的中控室，现场控制站指的是现场级的计算机系统。中央控制子站的计算机系统主要是对污水处理厂的运行管理情况进行集中监测，对全厂所有工艺设备的控制和监测主要通过对PLC的管理来实现。自动控制系统的现场控制子站则主要包括：鼓风机控制子站、污泥回流泵房控制子站、加药间控制子站、污泥脱水间控制子站、配电控制子站、各构筑物控制子站等，从而控制现场控制操作设备（包括水泵、阀门、闸门、滗水器、格栅机、风机、刮泥机、脱水机、加药设备、配电设备等）的运行状态，必要时通过计算机手动开关或大小切换各类设备仪器。

（2）数据自动化采集。将动态的工艺流程图显示在中控室的计算机屏幕上，同时现场的重要工艺参数的变化情况及仪表监测数据等也可以很清楚地显示在总站和子站界面上。以此实现运行状态下自动采集流量、液位、污泥量、各类水质指标等数据的功能，并在数据超标时自动报警，便于管理者分析控制。

（3）视频监控及自动报警。建立完善的视频监控，对污水处理厂各重要建筑、设备进行视频监控，防止故障造成损失扩大。有设备出现故障时，首先预先设定的操作命令会对故障进行初次处理，并且系统会显示报警画面，来提示操作人员对故障进行处理。

现今我国污水处理厂多是采用国外进口设备与控制系统，价格高，维护困难。并且目前我国国产的在线分析测定仪器设备还不能达到精度要求，因此，进行我国自主研发设计制造自动化控制系统，并提高仪器设备的测量精度和质量，降低维护费用，是我们现阶段以及今后污水处理厂自动化控制系统发展的主要方向。随着电子信息技术及污水处理行业自身的迅速发展，自动控制系统逐渐应用到污水处理工艺过程的监测过程当中，并且取得了很好的效果，既节省了人力资源又节约了能源，有着广阔的发展前景。

# 第七章　城市污水处理工程调试与运行管理

由于现在的城市污水处理采用的是生化处理的方法，而几乎所有的污水生化处理模型都是建立在多次的实验基础之上。这就要求我们：一个完整的污水处理装置的建设工作应该是而且也必须是由建造调试，以及试运行所组成的，在调试阶段可以对设计建造中存在的工艺问题、设备质量问题以及处理能力问题进行必要的调整，为污水处理装置的正式投产积累必要的数据，为污水处理装置的运行提供详细的操作规程和考核依据。所以，污水处理厂在施工完成后和实际运行前必须对工程进行竣工验收，只有在经过有关的质检部门对工程质量进行竣工验收合格后，才可以分别进入下一步的试运行阶段和正常运行的阶段，这其中涉及的就是处理工程的工程调试和运行管理，这就是我们为什么要实行工程调试与运行管理的原因。

## 第一节　污水处理工程调试

在对污水处理厂进行正式调试之前，必须充分地做一些调试前的准备工作，这其中包括：调试方案的编写与审批，紧急预案的编写，对现场各构筑物的清理，操作人员到岗和岗位责任制的建立，对现场的设施设备情况的熟悉，对上岗操作人员的必要的岗前培训，确保各工种的协调统一检查，确保所需工器具、材料辅料和安全设施的齐全等。只有当以上这些工作全面而充分地开展完以后，才可以进行下面的正式调试。

污水处理装置的调试可以分为单体调试、联动调试和工艺调试三种；单体调试和联动调试是工艺调试的前提与基础。下面分类概述。

### ■ 一、单体调试

我们进行单体调试的主要目的就是检验工艺系统中的各个单体构筑物以及电器、仪表、设备、管线和分析化验室在制造、安装上是否符合设计要求，同时也可以检查产品的质量。

1. 单体调试前的各项准备工作

（1）单体调试的设备已经完成了全部的安装工作，技术检验合格并且经业主和监理验收合格。

（2）建筑物和构筑物的内部以及外围应该仔细彻底地清除全部的建筑垃圾以及生活垃圾，并且确保卫生条件符合标准。

（3）为了确保供电线路以及上下水管道的安全性和可靠性的要求，必须检查各类电气的性能以及上下水管道、阀门和卫生洁具的性能。

（4）确保设备的本身应该具备试运行的条件，设备应该保持清洁，以及足够的润滑剂和其他的外部条件。

（5）参加试车的人员必须熟读相关设备的有关材料，熟悉设备的机械电器性能，做好单体试车的各项技术准备。

（6）土建工程以及设备安装工程均应该由施工单位以及质检单位做好验收的各类表格，以便验收时的填写。

（7）相关的图纸以及验收的标准应该提前准备好以便验收时的查阅。

（8）设备的单体试车应该通知生产厂家或者是设备的供货商到场，当然国外的引进设备也应该有国外的相关人员到场并在其指导下进行。

2. 单体调试的检查项目

（1）数据的检查。数据的检查应该注意各项隐蔽工程数据是否齐全，各类连接管道的规格型号、材料的质量是否有记录，防腐工程的验收记录和主体设备的验收表格和记录等。

（2）实测检查。实测检查主要是检查设备的安装位置与施工图是否相同以及安装的公差是否符合要求。

（3）性能测试。性能的测试必须依据有关的设备性能要求进行。

（4）外观检查。外观检查是许多工程技术人员忽视的项目，外观检查主要是检查设备的外观有无生锈，有无油漆的脱落，有无划痕以及撞痕等。

3. 设备单体调试的步骤

（1）预处理系统的单体调试。其主要的检查项目是粗格栅、皮带输送机、细格栅、潜污泵和沉砂设备。

（2）生化系统的单体调试。主要检查的设备有各种反应构筑物（视不同的生化处理方法的不同而相异）和鼓风机房鼓风机，鼓风机房电、手动阀门、止回阀和排空阀等一系列设备，具体可以参考《污水处理厂操作规程》的有关要求进行。

（3）污泥处理系统的单体调试。主要的检查项目包括污泥脱水机房、污泥浓缩池、均质池等，具体的操作程序还是依据相关的章程规程进行。

（4）厂区工艺进出水管线以及配水井的单体调试。厂区工艺进出水管线包括各类配水井、进水管道、出水管道、总出水井、反冲洗管道以及相应的压力井等。管道、检查井以及各类配水井的调试依据相关规程进行。

（5）仪表和自控系统的单体调试。由于自控系统的模拟试车和负荷试车必须在设备的正常运转下进行，为了节约调试时间，自控系统的单体调试可与生化系统调试同时进行。

（6）辅助生产设施的单体调试。除了工艺、动力和仪表自控系统，辅助生产设施主要包括锅炉房、汽车库、消防泵房、机修间和浴室等。这些除了消防泵房和锅炉房的设备需要进行单体调试之外，还需要对机修间和泵房内的电葫芦进行安全性能的检查，其余的进行土建工程的初步验收。

（7）化验室设备的初步验收。验收的主要设备有电子分析天平、电子精密天平、分光光度计、显微镜、便携式有害气体分析仪和便携式溶解氧仪。化验设备是否好用以及分析误差大小最终应该由计量部门来确定，如果发现问题应该及早地与供货商取得联系，以便及时更换新的设备。

本阶段主要检查的是施工安装是否符合设计工艺要求，是否满足操作和维修要求，是否满足安全生产和劳动防护的要求。譬如：管道是否畅通，设备叶轮是否磕碰缠绕，格栅能否降，电气设备是否可以连续工作运行，仪表控制是否接通、能否正确显示等。

## 二、联动调试

在对污水处理厂完成了单体调试的内容之后，紧接着就应该对污水处理厂进行清（污）水的联动调试。联动试车的目的是进一步考核设备的机械性能和设备的安装质量。并检查设备、电气、仪表、自控在联动条件下的工况，能否满足工艺连续运行的要求，实验设施系统过水能力是否达到设计要求。一般来说，联动试车要经过 72 h 的考核。可以先进行清水联动试车，后进行污水联动试车。清水联动试车后，有问题的设备经过检修和更换合格后再进行污水联动试车。

1. 联动试车的准备工作

参与调试者必须仔细认真地阅读下列的文件数据并检查所准备的工作。

（1）由所有选用的机械设备、控制电器以及备件的生产、制造、安装使用文件组成的设备手册，包括其中的技术参数和测试指标。

（2）运行、维护的操作手册。

（3）所有污水处理装置的设计文件以及前一阶段的验收档。

（4）相关设备的安装工程和选用设备的国家规范和标准。

（5）各设备区域调试合格，并且通过验收。

（6）所有的管渠都进行了清水通水实验，畅通无阻。

（7）供电系统经过负载实验达到设计要求，能保证安全可靠，系统正常。

（8）污水处理工艺程序自动控制系统已经进行了调试，基本具备稳定运行的条件。

（9）已经落实了污泥的处理方案；调试所需要的物资和消耗品已经到位。

（10）由于调试期间化验项目比较多，并且化验室新增了分析仪器，化验人员有必要参加培训，以熟悉污泥性能和大气污染物指标的测定，所有参与调试的各重要岗位操作人员必须已经经过培训，熟悉操作规程，以便使得调试工作交接顺。

（11）安全防护设施已经落实，能保证系统正常运行和确保操作人员的安全。

2．联动试车的内容

联动试车分两部分进行。先进行构筑物内有联动关联的设备的区域调试，通过后再进行全厂设备的联动调试。具体内容如下：

（1）粗格栅和进水泵房。当污水流进进水粗格栅和进水泵房之前，可以根据流量液位控制开停粗格栅的台数，逐台检查粗格栅的各项功能。检查皮带输送机输送栅渣的情况，完成粗格栅、皮带输送机、阀门的联动试车。当水位达到水泵的启动水位，可以轮换启动潜污泵，检查泵的启动，停止功能和运行状况，并通过泵的出水口堰上水深粗略估算泵的提升能力。

（2）细格栅。调试方案与粗格栅相同，检查除污机的除污能力。

（3）旋流沉砂池。清水联动试车，分别在手动和自动条件下启动搅拌桨、鼓风机、提砂系统和砂水分离系统运转，并检查设备的各项功能。污水联动试车：在有污水流经的情况下，观察沉砂池的沉砂效果，从而可以测定每天的除砂量。

（4）水解酸化池。水解酸化池的联动试车主要是对配水井的出水堰水平和配水管的均匀性进行考察，在清水联动试车的过程中，必须保证所有的出水堰水平调整，进水后观察配水的均匀性是否达到设计的要求。

（5）鼓风机房。在生化处理核心构筑物（例如曝气池、滤池等）的试车之前，完成鼓风机的联动试车，检查设备的各项功能。

（6）曝气生物滤池。曝气生物滤池在联动试车阶段主要是对生物滤池内的曝气的均匀性、布水的均匀性、滤料的性能、反冲洗效果进行考察，当水流入滤池后，启动风机房的配套风机，逐个检查滤池布水、曝气的均匀性；清洗滤料，利用清水联动试车的水源，启动反冲洗操作，逐个清洗滤池中的滤料，清洗至出水清澈时止，观察滤料的跑料情况。

同样，曝气池的联动试车也有诸多的相似之处。必须注意的是，在对主要的工艺设备进行工况考核时，设备带负荷连续试运行时间一般要求大于 24 h，对于设备存在故障或者问题，必须及时报送施工监理单位和设备承包商，提请整改和维修。

（7）污泥处理系统的联动试车。包括水解酸化池排泥、污泥均质池液位、污泥脱水机等的联动试车。联动过程中注意检查各设备、阀门联动的反应情况，观察各个过程的衔接情况，注意风机停止后有无回水的情况。

（8）辅助生产系统。辅助生产系统在联动试车阶段应该配合试车做好各项工作。

（9）工艺运行控制试车。在联动试车的基础上，可以进行工艺运行试车。一般来说，进行工艺运行试车要具备以下一些前提条件，例如：各用电设备的联动试车已经基本完成，包括需要检修的、试车的设备已经完成；电气系统各 MCC 的连接试车已完成；控制分析仪表已经完成等。值得注意的是，工艺运行的试车应该在各个供货商提供的工艺运行软件的基础上调试，这其中包括：进水泵房污水提升泵运行模式的调试；剩余污泥系统运行模式的调试和曝气池（曝气生物滤池）的运行模式调试。

## 三、生化系统的试车

生化系统的试车是污水处理厂调试的重要步骤，也是污水处理厂前面进行的单体试车和联动试车的目的。一般地，由于现行的城市污水处理厂的工艺一般采用的是活性污泥法或生物膜法，理所当然地，污水处理厂的工艺试车就是生物膜处理系统的试车或活性污泥法处理系统的试车。下面分别概述之。

### 1. 活性污泥法处理系统的试车

活性污泥处理系统投运前，首先要进行活性污泥的培养驯化，为微生物的生长提供一定的生长繁殖条件，使其在数量上慢慢增长，并达到最后处理生活污水所需的污泥浓度。活性污泥的培养是整个调试工作的重点，关系到最终的出水达标问题，活性污泥培养的基本前提是进水流量不小于构筑物设计能力的 30%。污泥的培养一般采用两种方式：同步培养法和浓缩污泥培养法。同步培养法也就是直接用本厂污水培养所需的活性污泥；浓缩污泥培养法也就是利用其他污水处理装置的浓缩污泥进行接种培养。

生物处理系统在运行时，所产生的正常的活性污泥应该是沉降性能好、生物活性高、有机质含量多、污泥沉降比大和污泥的容积指数在 80 ～ 200 之间。但是，污水生物处理系统常常会因进水水质、水量和运行参数的变化而出现异常情况，从而导致污水处理效率降低，有时甚至损坏处理设备。一般来说，污泥在水厂运行过程中容易发生的异常情况是污泥膨胀、污泥解体、污泥腐化、污泥脱氮即污泥的反硝化，有时候还会产生一些泡沫，这其中涉及的一些重要的工程上的概念，如污泥浓度、水力停留时间、有机物的单位负荷、污泥的回流比等都是影响污泥生物性能的十分重要的因素，我们一般是通过对这些因素的控制进而来控制污泥的性质和状态。同样，活性污泥中的指示性生物也可以作为我们对污泥进行管理的一个重要的途径。污泥中的生物相在一定的程度上可以反映出曝气系统的处理质量和运行状况，当环境条件（例如进水浓度及营养、pH 值、有毒物质、溶解氧、温度等）变化时，在生物相上也会有所反映。我们可以通过对活性污泥中微生物的这些变化，及时发现异常现象和存在问题，并以此来指导运行管理，所以，对生物相的观察已经日益受到人们的重视，而各种微生物的性状可以查阅《环境工程微生物学》等书籍。针对可能出现的上述这些问题，我们必须根据相关的污泥管理手册相对应尽快加以解决，以免问题严重化、复杂化。了解常见的异常现象及其常用对策，可以使得我们及时地发现问题、分析问题和解决问题。

2. 生物膜法处理系统的试车

生物膜法处理系统作为与活性污泥法并列的一种污水好氧生物处理技术，这种处理法的实质就是使微生物和微型动物（如原生动物、后生动物）附着在滤料或者是一些载体上生长繁殖，并在其上形成膜状生物污泥，也就是所谓的生物膜。在污水与生物膜接触过程中，污水中的各种各样的有机污染物作为营养物质，为生物膜上的微生物所摄取，从而污水也得到净化，微生物自身也得到生长繁殖。生物滤池的生物膜培养可以采用直接挂膜法进行培养。具体方法如下：首先将污水依次经过粗格栅、细格栅、沉砂池等预处理后引入水解酸化池，由水解酸化池直接进入生物滤池进行培养。开始时的进水流量采用设计流量的 1/4 进行进水，实行连续进水，待池中滤料上可以观察到明显的生物膜时，并通过显微镜发现生物相已经成熟后，此时可以加大进水流量，继续培养微生物，由于新生生物膜较轻，为了不发生新生生物膜的脱落情况，加大进水流量必须采用逐步加大的方法进行。同时为了保持滤料上的生物膜新鲜而有活力，在进水后的一周，必须对滤池进行反冲洗，以后根据进水情况逐步缩小反冲洗的时间间隔，直至达到设计的要求。

在微生物的培养阶段必须要求化验室跟班采样分析，采样频率和指针根据调试的要求进行。一般来说，成熟的好氧活性污泥中含有大量新鲜的菌胶团小、固着性原生动物和后生动物。

3．评价

根据上述调试过程中得到的各种信息，加以整理分析，然后对污水处理装置运行要有一个基本的评价，对于运行中出现的基本问题，提出改进意见和对策，作为调试期间的总结和报告，并且进入试运行阶段。在试运行的阶段中，主要考察的是出水水质、容积污泥负荷是否达到设计要求。根据实际污泥负荷来调整参数，要求自控系统切入，并且调整控制参数，初步分析运行单耗以及运行直接成本。

（1）水质分析项目以及其频率见表7-1，值得注意的是要针对不同废水的水质分析项目进行调整。

**表 7-1　水质分析项目及频率**

| 分析项目 | 进水 | 好氧生化反应器 | 出水 | 分析频率 |
|---|---|---|---|---|
| COD | √ | | √ | 5 次 / 周 |
| BOD | √ | | √ | 3 次 / 周 |
| SS/VSS | √ | √ | √ | 5 次 / 周 |
| pH 值 | √ | | √ | 5 次 / 周 |
| TKN | √ | | √ | 2 次 / 周 |
| $NH_4^+-N$ | √ | | √ | 5 次 / 周 |
| $NO_2^--N$ | | | √ | 2 次 / 周 |
| $NO_3^--N$ | | | √ | 2 次 / 周 |
| TP | √ | | √ | 2 次 / 周 |
| $SV_{30}$ | | √ | | 7 次 / 周 |
| 碱度 | | | √ | 1 次 / 周 |

注：水质分析数据以 COD、$NO_3-N$ 为主，其有效数据不应该少于40组。

（2）化验分析室的工作。在污水处理厂的工艺调试中，化验分析室的工作起着不可替代的作用，化验分析室的分析结果是下一步进行工艺调试的基础和依据。一般地，分析工作流程按照下列程序开展：①确定所要分析的项目；②选定各个分析项目所采用的分析方法，一般在生态环境部规定方法和行业分析标准方法中选取针对该分析项目最适宜的分析方法；③依据所选用的分析方法，检查所要涉及的实验仪器、设备和器皿药剂是否齐备；④所要用到的天平必须已经经过计量所的检验，量器（如移液管）应该要用已经有计量所检验过的天平校验，不合格者严禁进入实验过程；⑤确保各种仪器设备的正常工作；⑥根据实验所需配制各种标准溶液：外购或者是自制标准样测定；⑦制定各种操作规程和安全生产规程。例如：水样的采集，各种实验原始数据的记录，分析使用样品的保存，器皿的清洗和中控室对生产装置在线仪表校核标定下的工作等。

（3）运行数据的统计。运行数据的统计也是试运行中的一个十分关键的项目，是对水厂的整个经济效益、技术效益和社会效益评价的基础和依据。通过对水、电、药剂消耗的统计，可以初步分析污水处理（包括污泥脱水）直接成本，得到的结果如果与国内同类型废水进行比较相差不大甚至是十分接近时，则说明污水处理厂的运行及各个方面基本符合生产实际；如果出现较大的差异时，应该及时地分析原因，找出是进水水质还是管理、工艺或者其他方面的因素，以此提高运行管理水平。

①药耗。药耗的初步测算与设计值的对比可以参考表 7-2 进行：

**表 7-2　药耗对比**

| 项目 | 水量（$10^4 m^3/d$） | PAM 投加量（t/a） | 产泥率（$m^3/d$） |
|------|------|------|------|
| 设计值 | | | |
| 实际值 | | | |

②电耗。电耗的初步测算与设计值的对比可以参考表 7-3 进行：

**表 7-3　电耗对比**

| 水量（$10^4 m^3/d$） | 运行时间（h） | 实际日均电耗量（kW·h/d） | 实际平均单耗量（kW·h/$m^3$ 废水） | 设计日均电耗量（kW·h/d） | 设计单耗量（kW·h/$m^3$ 废水） |
|------|------|------|------|------|------|
| | | | | | |
| | | | | | |

# 第二节　污水处理工艺运行与管理

污水处理工艺的运行管理和污水处理工艺的调试一样，是污水处理厂正常运行的一个十分重要的环节。下面就城市污水处理厂的工艺运行管理作一般系统性的概述，主要介绍污水处理厂各处理单元的运行管理。掌握并运用污水处理运行工艺的一般内容对一个城市水务工作者来说是非常重要的。

## 一、格栅间的运行与管理

（1）过栅流速的控制。合理控制过栅流速，使格栅能够最大程度地发挥拦截作用，保持最高的拦截效率。一般来说，污水过栅越缓慢，拦污效果越好。污水在格栅前管道流速一般应该控制在 0.4 ～ 0.8 m/s 之间；过栅流速应该控制在 0.6 ～

1.0 m/s 之间。当然具体的控制指标，应该视处理厂调试运营后来水污染物的组成、含砂量等实际情况确定，所以，运行人员应该在运转实践中摸索出本厂最佳的过栅流速控制范围，以便发挥格栅间最大的经济效益。

（2）栅渣的清除。及时清理栅渣，保证过栅流速控制在合理的范围之内。所以，操作人员应该及时地将每一格栅上的栅渣及时清除，值班人员都应该经常到现场巡检，观察格栅上的栅渣积累情况，并估计栅前后液位是否超过最大值，做到及时清污。对于超负荷运转的格栅间，尤其应该加强巡检。值班人员应该及时地摸索总结这些规律，以提高工作效率。

（3）定期检查管道的沉砂。格栅前后管道内的沉砂除与流速有关外，还与管道底部水流面的坡度和粗糙度有关，应定期检查管道的沉砂情况，及时地清砂和排除积砂原因。

（4）格栅除污机的维护与管理。格栅除污机是本污水处理厂最容易发生故障的设备之一，巡查时应注意有无异常声音，栅耙是否卡塞，栅条是否变形，并应定期加油保养。

（5）分析测量与记录。值班人员记录每天产生的栅渣量，根据栅渣量的变化，间接判断格栅的拦污效率。当栅渣比历史记录减少时，应该分析格栅是否运行正常。

（6）卫生与安全。由于污水在运输途中极易腐败，产生大量的硫化氢以及甲硫醇等一系列有毒有害并散发恶臭的气体，所以，针对于建在室内的格栅间必须采取强制通风措施，在夏季应该保证每小时换气 10 次以上，如果有必要时，也可以在上游主干线内采取一些简易的通风或者曝气措施，降低格栅间的恶臭强度，这样做，一方面可以维护值班人员的身体健康，另一方面也可以减轻硫化氢对机器设备的腐蚀作用。此外，对于清除所得到的栅渣应该及时地运走并加以处置。

## ■ 二、进水泵房的运行与管理

（1）集水井。污水进入集水井后的流速变得缓慢，因而会产生沉砂现象，使得水井的有效容积减小，从而影响水泵的正常工作，所以，集水井要根据具体的情况定期清理，但是在清池的过程中，最重要的是人身安全问题。由于污水中的有毒气体以及可燃性气体会严重危及工作人员的人身安全。所以在清池时，必须严格按照下列步骤操作：先停止进水，用泵排空池内存水，然后是强制通风，最后才能下池工作，此外由于有毒有害气体被连续不断地放出，所以工作人员在池下的工作时长不宜超过 30 min。

（2）泵组的运行和调度。泵组在运行和调度时应该遵循下列几个原则：保证来水量与抽升量的一致，不能使水泵处于干运转状态或被淹没；为了降低泵的扬程所以应该保持集水池的高水位运行；为了不至于损坏机器，尽可能少地减少开停机的次数；最后就是应该保证每台机器的使用率基本相等，不要使得一些机器长期处于运转状态而另外一些机器始终搁置不用，这样对两方面的机器都没有益处。故此，运行人员应该结合本原则和本厂的实际，不断地总结，摸索经验，力争找到最适合本厂实际的泵组运行调度方案。

## 三、沉砂池的运行与管理

在现在的城市污水处理厂中，使用比较多的是曝气沉砂池和旋流沉砂池。日常管理维护主要是控制沉砂池的流速、搅拌器的转速，为了不至于沉砂池的浮渣会产生臭气、影响美观，所以必须定期清除。操作人员要对沉砂池作连续测量并记录每天的除砂量，并且据此来对沉砂池的沉砂效果作出评价，并应该及时回馈到运行调度中。

## 四、水解酸化池的运行与管理

当水解酸化池的设计达到要求之后，那么所面临的就是酸化池的启动问题了，其实质就是反应器中的缺氧或者是兼氧微生物的培养与驯化过程，其工程意义十分重大。一般地，在适宜的温度下，水解酸化池的启动大约需要4周的时间。下面概述酸化池启动的相关规程。

（1）污泥的接种。所谓污泥的接种就是向水解酸化池中接入厌氧、缺氧或者是好氧的微生物菌种。之所以这样做是为了大大节约污泥培养以及驯化所需要的时间。接种的污泥可以是下水道、化粪池、河道亦或者是水塘、其他相类似性质的污水处理厂的污泥。在微生物的接种的过程中，接种物必须符合一定的要求，例如，所接入的微生物或者是污泥必须具有足够的代谢活性；接种物所含的微生物数量和种类应该较多，并且要保证各种微生物的比例应该协调；接种物内必须含有适应于一定的污水水质特征的微生物种群以利于所需微生物的大量培养驯化；关于接种微生物，理论上可以通过纯种培养获得，但是就目前而言尚有一些难度，实践中一般采用的是自然或者是人工富集的污泥来实现。

采集接种污泥时，应注意选用生物活性高的、有机物的含量比例较大的样本，为了使得样本更适合于做接种物，在实际应用之前应该去除其中夹带的大颗粒固体和漂浮杂物。关于接种量多少的确定应该依据所要处理对象的水质特征、接种污泥的水质特征、接种污泥的性能启动运行条件和水解酸化池的容积来决定。一般来说，污泥的接种量越大则反应器启动所需要的时间也就越短，所以在工程实际中，一般采用后续方法来控制接种污泥量的大小，若按照水解酸化池的容积计，一般将接种污泥量的容积控制在酸化池容积的 10% ～ 30%。如果是按照接种后的混合液 VSS 来计算，接种污泥量一般控制在 5 ～ 10 kgVSS/m³ 之间，当然，具体接种多少有时候还需要视本水厂的实际情况而定，操作人员应该注意在平时的实践中及时摸索，总结实际的运行经验。

污泥接种的部位一般是在水解酸化池的底部，这样可以有效地避免接种污泥在启动和运行时被水流冲走。

（2）水解酸化池启动的基本方式。采取间歇运行的方式，当反应器中的接种污泥投足后，控制污水废水，使其分批进料。待每批污水进入后，使反应装置在静止状态下进行缺氧代谢，当然亦可以采用回流的方式进行循环搅拌，使得接种的污泥和新增殖的污泥暂时聚集，或者是附着于填料表面，而不能随水分流失，经过一段时间的厌氧反应之后（具体所需的时间视所处理的污水水质和接种污泥的浓度而定），则污水中的大部分有机物被分解，此时可以进行第二批的污水进水了。采取间歇运行的方式时，要逐步提高水解酸化池进水的浓度或者是污水的比例，同时逐步缩短厌氧代谢的时间，直到最后完全适应污水的水质并达到水解池连续运行的目的。

（3）影响水解酸化池启动所需的时间及效果的因素。在实际的工程运行中，除了接种污泥以外，污水的水质特征、有机物质负荷和有毒污染物质、环境条件、填料种类和回流比等都可以影响。下面分别概述之：

①污水性质。一般来说，污水中的有机污染物的组成以及浓度、pH 值、营养物质都可以对其启动产生影响。浓度合适的 C、N、P 等营养均衡的 pH 值显中性或者是略碱性的污水可以为水解酸化池的启动提供有利的条件，缩短启动所需的时间。

②水解酸化池的有机物质负荷。该因素可以视作影响水解池启动的关键因素。在启动过程中，如果有机物质的负荷过大的话，则会导致挥发性的有机酸过量积累，从而导致消化液的 pH 值下降过度就会使启动停滞甚至是破坏；反之，如果有机物质的负荷过小的话，就会抑制微生物的增殖速率，进而会导致酸化池的启动时间过长。

综上，可以看出，控制好有机物的负荷，对于缩短启动的时长，提高启动的成功率以及系统的运行效率，减少因为要重复启动所造成的运行费用具有十分重要的意义。

③酸化池出水的回流。在工程实际中，缺氧反应器的出水必须以一定的比例回流，这样做可以回收部分的流失污泥以及出水中的缓冲物质，从而可以平衡反应器中水的 pH 值，有利于加速微生物的富集，缩短启动所需的时间，因此，在启动过程

中是否需要回流以及回流的比例是多大对酸化池的启动十分关键。

④水温。水温也是影响水解酸化池启动的重要因素。这主要是因为水解池的启动实际上是一个微生物的培养驯化的过程，而温度直接影响微生物代谢和增殖速率，影响微生物的生物活性也即影响微生物的有机负荷能力。所以温度的降低会使得启动所需要的时间延长，此外，水温还可以影响微生物黏附成团的速率。当然，温度也并不是越大越好。

⑤常见的一些其他影响因素。水力负荷对启动过程亦有一定的影响，水力负荷过高，会造成接种污泥的大量流失，当然如果水力负荷过低的话，又不利于对微生物的筛选。所以在实际的启动操作中，初期选用的是比较低的水力负荷，待运行数周后，再递增水力负荷并维持平稳。对于悬浮型水解缺氧反应装置，可以通过适量地投加无烟煤、微小砂粒或者絮凝剂，促使污泥的颗粒化；对于填料型水解缺氧反应器，填料的附着性能会影响污泥挂膜的快慢，因而影响启动的时间。

（4）常见启动故障的排除。在启动的过程中，常遇到的故障是由于水解酸化池的超负荷地运作导致的消化液挥发性脂肪酸浓度的上升和 pH 值的下降，从而使得厌氧反应减慢甚至停止，也就是我们通常所说的"酸败"。解决的方法首先就是停止进料以降低负荷，待 pH 值恢复正常后，再以较低的负荷开始进料。在极端的情况下，pH 值下降得特别厉害，必须外加中和剂；当负荷失控十分严重，临时的调整措施无效时，就只得重新投泥、重新进水启动了。

（5）水解酸化池运行中应该注意的问题。

①保持水解酸化池排泥系统的畅通，如果发生排泥不畅或者是淤堵现象，应安排人员及时疏通；污泥的排放采用定时排泥，日排泥次数控制在 1～2 次；

②保持水解酸化池污泥区泥床高度基本恒定和污泥区有较高的污泥浓度；

③根据污泥液面检测仪和污泥面高度确定排泥时间；

④由于反应器底部可能会积累颗粒和细小砂粒，应间隔一段时间从下面排泥，从而可以避免或者是减少在反应器内积累的砂粒。

⑤严格控制水解酸化池出水悬浮物 SS 含量，使得悬浮物 SS 含量小于 100 mg/L，具体可以采用如下的方法加以控制：

a．及时地清除水解酸化池液面的浮泥，不使浮泥带入下级构筑物；

b．必须严格地保证水解酸化池的进水进料的均匀性，定期检查浮渣挡板和水解酸化池清水区斜板运行状况，出现问题时及时地加以解决；

c．不能使滤池的反冲洗过于频繁，以防止生物流失和运行成本的增加；

d．当遭遇恶劣天气如暴雨、暴雪时，必须严格地控制水厂的进水水量，并加强整个水厂的维护次数。

## 五、活性污泥法处理系统运行的异常情况及其处理对策

采用活性污泥法处理系统运行的城市污水处理厂，普遍存在着适宜处理的污水的类型广泛，污水处理厂的运行成本低，污水处理的效果好等一系列优点；当然由于活性污泥法处理系统本身的特点和性质要求污水处理厂必须加强日常运行的管理和维护，防止污水处理厂运行时的各种异常情况的发生，一旦发现有异常问题时必须及时地加以解决，以免造成污水厂水处理效率的降低甚至是整个污水处理系统的破坏。因此，掌握一些常见的污水处理运行异常情况及其处理对策是非常有必要的。

（1）污泥的膨胀。污泥膨胀主要表现为污泥的沉降性能下降、含水率上升、体积膨胀、澄清液减少等一系列的与正常的活性污泥的性能不同的现象。引起污泥膨胀的原因有多种，丝状菌的过量繁殖，真菌的过量繁殖，还有可能就是污泥中所含的结合水异常增多。此外，污水中 C、N、P 等营养元素的不平衡，水中的 DO 不足，混合液的 pH 值过低，水温过高，污泥的有机负荷或者是水力负荷过大，污泥龄过长或者是混合液中有机物的浓度梯度过小都会引起污泥的膨胀，还有曝气池排泥的不畅则可能会导致结合水性的污泥膨胀。

由此可见，由于污泥膨胀原因的复杂性，所以为了防止污泥的膨胀，必须首先弄清导致污泥膨胀的具体原因，然后再采取相应的有针对性的处理措施加以解决。

（2）污泥的解体。污泥的解体和污泥的膨胀是两个不同的概念。污泥的膨胀不会导致处理水的水质变差，也就是曝气池上清液的清澈度，只是会由于沉降性能不好而影响曝气池的出水水质。而污泥解体会使得污水厂处理水质变得浑浊，污泥絮凝体微细化，处理效果严重变坏，所以区分污泥的这两种异常情况对及时有效地解决曝气池运行上的异常情况是十分必要的。

引起污泥解体的原因既可以是水厂运行中出现的问题，例如曝气严重过量，亦有可能是由于污水中混入了有毒物质所致。当污水中存在有毒物质时，微生物的活动就会受到抑制，污泥的生物活性就会急剧降低，污泥吸附能力的降低，絮凝体缩小，从而引起净化效果的下降。一般地，可以通过显微镜来观察判断其产生的原因，当发现是运行方面出了问题时，就应该及时地调整污水量、回流污泥量、空气量和排泥状态以及 SV、MLSS、DO 等多项指标；当发现是由于有毒物质引起时，应该考虑可能是由于新的工业废水混入的结果，如果是确有新的废水混入，应该责令其按照国家的排放标准事先加以局部处理。

（3）污泥的反硝化。污泥的反硝化和污泥的腐败一样，都可以引起污泥在沉淀池出现块状上浮现象。当曝气池内污泥龄过长，硝化过程进行得比较充分时，在沉淀池内由于缺氧或者是厌氧极易引起污泥的反硝化，放出的氮气附着在污泥上引起污泥密度的下降，从而导致其整块上浮。最近研究发现，要想解决这一问题，必须维持曝气池内的 DO 大于 0.5 mg/L 以减小二沉池内缺氧厌氧情况的发生；同时应该积极采取增加污泥的回流量或者是及时地排除剩余污泥，保证其在二沉池内的停留时间小于 2 h，也可以采取降低混合液的污泥浓度和缩短污泥龄，增加溶解氧浓度等措施。

（4）污泥腐化。二沉池内的污泥由于停留时间过长加上其内的缺氧厌氧状况，很容易产生厌氧发酵，形成 $H_2S$、$CH_4$ 等气体并产生恶臭，引起污泥块的上升。当然并不是所有的污泥都会上浮，绝大部分的污泥还是可以正常回流的，只是少部分的沉积在二沉池死角的污泥由于长期滞留才腐化上浮。工程实际中，常有的预防措施有：

①安装不使污泥向二沉池外溢出的设备；

②及时消除二沉池内各个死角；

③加大池底的坡度或者改进池底的刮泥设备，不使污泥滞留于池底；

④防止由于曝气过度而引起的污泥搅拌过于激烈，生成的大量的小气泡附着于絮凝体上，也会产生污泥上浮的现象。

（5）泡沫问题及其处理对策。曝气池内的泡沫不但会给生产操作产生一些困难，同时还会产生以下问题。

①由于泡沫的黏滞性，会将大量的活性污泥等固体物质卷入曝气池的漂浮泡沫层，阻碍空气进入混合液中，严重降低了曝气池的充氧效果；

②极大地影响了设备的巡检和检修，同时产生很大的环境卫生问题；

③由于回流污泥中含有泡沫会产生浮选的现象，损坏了污泥的正常功能，同时加大了回流污泥的比例及数量，加大了工程的运转费用和降低了处理能力。

常用的消除泡沫问题的措施有：

1）投加杀菌剂或者是消泡剂。虽然很简单但不能消除产生泡沫的根本原因；

2）洒水。洒水是一种最常用和最简单的方法，但是弊端和投加药剂一样，也不能消除产生泡沫的根本原因；

3）降低污泥龄。降低污泥龄可以有效地抑制丝状菌的生长，从而可以有效地抑制泡沫的产生；

4）回流厌氧消化池上清液和向曝气反应池内投加填料和化学药剂。

## 六、活性污泥管理的指示性微生物

污泥中的生物相是指其内所含的微生物的种类、数量、优势度及其代谢活力等状况的情形。生物相在一定的程度上反映曝气系统的处理质量以及其运行状况，当环境因素，例如进水浓度和营养、pH 值、DO、温度等发生变化时，其在生物相上都有所反映。所以我们可以通过对污泥生物相的观察来及时地发现异常现象和存在的问题，并以此来指导运行管理，下面所列的就是工程实际中最常见的活性污泥的指示性微生物，供大家参考。

（1）当污泥状况良好时会出现的生物有：钟虫属、锐利盾纤虫、盖成虫、聚缩虫、独缩虫属、各种微小后生动物及吸管虫类。一般情况下，当 1 mL 混合液中其数量在 1 000 个以上，含量达到个体总数的 80% 以上时，就可以认为是净化效率高的活性污泥了。

（2）当污泥状况坏时会出现的微生物有：波豆虫属、有尾波豆虫、侧滴虫属、屋滴虫属、豆形虫属、草虫属等快速游泳性种类。当出现这些虫属时，絮凝体就会很小，在情况相当恶劣时，可观测到波豆虫属、屋滴虫属。当情况十分恶劣时，原生动物和后生动物完全不出现。

（3）当活性污泥由坏的状况向好的状况转变时会出现的指示性微生物有：漫游虫属、斜叶虫属、斜管虫属、管叶虫属、尖毛虫属、游仆虫属等慢速游泳性匍匐类生物，可以预计的是这些微生物菌种会在一个月的时间之内持续占优势种类。

（4）当活性污泥分散、解体时会出现的微生物有：简变虫属、辐射变形虫属等足类。如果这些微生物出现数万以上，将会导致菌胶团小、出流水变浑浊。

（5）污泥膨胀时会出现的微生物有：球衣菌属、丝硫菌属、各种霉等丝状微生物。当 SVI 在 200 以上时，会发现存在像线一样的丝状微生物。此外，在膨胀的污泥中，存在的微型动物比正常的污泥中要少得多。

（6）溶解氧不足时会出现的微生物有：贝氏硫丝菌属、新态虫属等喜欢在溶解氧低时存在的菌属，此时的活性污泥呈现黑色并发生腐败。

（7）曝气过剩时出现的微生物有各种变形虫属和轮虫属。

（8）当存在有毒物质流入时会出现的现象：原生动物的变化以及活性污泥中敏感程度最高的盾纤虫的数目会急剧减少，当其过分死亡时，则表明活性污泥已经被破坏，必须进行及时的恢复。

（9）BOD 负荷低时会出现的微生物：表壳虫属、鲜壳虫属、轮虫属、寡毛类生物。当这样的生物出现得过多时会成为硝化的指标。

## 七、曝气生物滤池的运行与管理

曝气生物滤池是生物膜处理工艺，是污水厂生化处理的核心。它的运行管理可以分为下列两个步骤进行。

（1）挂膜阶段。城市污水处理厂的挂膜一般采取的是直接挂膜方法。在适宜的环境条件和水质条件下该过程分两步进行：第一阶段是在滤池中连续鼓入空气的情况下，每隔半小时泵入半小时的污水，空塔水流速控制在 1.5 m/h 以内；第二阶段同样是在滤池中连续鼓入空气的情况下，连续泵入污水，并使流速达到设计水流速。一般地，第一阶段需要 10 ～ 15 d，第二阶段需要 8 ～ 10 d 时间。在有需要的情况下，也可以采用分步挂膜的方法。

（2）运行与控制。包括布水与布气、滤料、对生物相的观察以及镜检等内容。下面分别概述之：

①布水与布气。为了保证处理效果的稳定以及生物膜的均匀生长，必须对生物滤池实行均匀的布水与布气。对于布水，为了防止布水滤头及水管的堵塞，必须提高预处理设施对油脂和悬浮物的去除率，保证通过滤头有足够的水力负荷；对于布气，由于布气采用的是不易堵塞的单孔膜空气扩散器，所以一般情况下不会发生被堵塞的情况。当然为了使得布气更加均匀，可以采取调节空气阀门，也可以用曝气器冲洗系统对其进行冲洗，使布气更加均匀。

②滤料。被装入滤池的滤料在装入之前必须进行分选、清洗等预处理措施，以提高滤料颗粒的均匀性，并去除尘土等杂物。

滤料的观察与维护。在滤池的工作过程中我们必须定期地观察生物膜生长和脱落情况，观察其是否受到损害。当发现生物膜生长不均匀，表现在微生物膜的颜色、微生物膜脱落的不均匀性上，必须及时地调整布水布气的均匀性，并通过调整曝气强度来更正，此外，可能由于有时候反冲洗的强度很大导致有部分滤料的损失，所以每一年定期检修时需要视情况酌情添加。

③滤料生物相的观察。对于一般的城市污水处理厂而言，生物膜外观粗糙，具有黏性，颜色是泥土褐色，厚度为 300 ～ 400 μm。滤料上的生物膜的生物相特征与其他工艺中的会有所不同，这主要表现在微生物的种类和分布方面。具体说来，由于水质的逐渐变化以及微生物生长条件的改善，生物膜处理系统中所存在的微生物的种类和数量均较活性污泥处理系统中要高。尤其是丝状菌、原生动物、后生动物的种类会有所增加，厌氧菌和兼性菌占有一定的比例。生物相在分布方面的特征可以概述为：沿着生物膜的厚度和进水的方向呈现不同的微生物的种类和数量；而随

着水质的变化会引起生物膜中微生物种类和数量的变化，当进水浓度增高时，会发现原来的特征性层次的生物下移的现象，换句话说就是原来的前级或上层的生物可以在后级或下层出现。所以，我们可以通过对这一现象的观察来推断污水有机物浓度和污泥负荷的变化情况。

④生物相的观察。在污水的生化处理系统中，由于微生物是处理污水的主体，微生物的生长、繁殖和代谢活动以及它们之间的演变，会直接地反映处理状况。因此，我们可以通过显微镜来观察微生物的状态来监视污水处理的运行状况，以便在面对存在的问题和异常情况时可做到早发现早解决，提高处理效果。具体的镜检观察的操作步骤可以参见相关的书籍。

曝气池运行中应该注意的问题如下。

①溶解氧。由于常规的生物滤池一般采用的是自动曝气的方法，所以在一般的情况下，只要保持适当的通风不会存在溶解氧不足的问题，当然有时候为了达到同步的硝化反硝化的目的，我们可以人为地将 DO 控制在适宜的范围之内，现在有的时候采用曝气生物滤池，其曝气的效果会更好。

②滤料的更换与更新。在滤池的工作过程中，由于水流冲刷和反冲洗的一些缘故导致滤料的磨损和流失十分严重，所以，一般在每一年的滤池的大修之时要视情况和处理水的水质情况加以添加。

③滤池的反冲洗。反冲洗是维持曝气生物滤池强大功能的关键，在较短的反冲洗的时间之内，使填料得到适当冲洗，恢复滤料上微生物膜的活性，并将滤料截留的悬浮物和老化脱落的厚生物膜通过反冲洗而排出池外。反冲洗的冲洗效果对滤池的出水水质、工作周期（过滤周期）的长短以及运行状况的优劣影响很大。

反冲洗的具体过程可以按下列程序操作：先单独用空气冲洗，然后再采用气水联合冲洗，停止清洗 30 s，最后用水清洗。一般地，都要在进水管、出水管、曝气管、反冲洗水管和空气管道上安装自动控制阀门，从而可以通过计算机对整个冲洗过程进行自动程控。

曝气生物滤池的反冲洗周期必须根据出水水质、滤料层的水头损失、出水的浊度综合确定，并可以由计算机系统自动程控。在实际的工程运行中一般可以按照下列的原则进行：对于城市污水处理厂，运行 24 ~ 48 h 冲洗一次，对于多格滤池并联运行的情况，反冲洗过程是依次单元格进行，这样可以使整个污水处理系统可以不受反冲洗的耽搁而顺利工作，反冲洗水的强度可以采用 5 ~ 6 L/（m²/s），反冲洗排水中的 TSS 浓度为 500 ~ 650 mg/L，反冲洗的用气强度一般可以采用 15 ~ 20 L/（m²/s）。当然，具体的情况还应该结合本厂的实际情况进行调整，上述只是常规的参照值。

## ▌八、生物滤池运行中出现的异常情况及其处理对策

（1）生物膜严重脱落。这是运行中所不允许的，会严重地影响污水处理的效果。一般认为，造成生物膜严重脱落的原因是进水水质的变异，例如抑制性或者是有毒性的污染物的浓度过高，亦或者是污水的 pH 值的突变。其解决措施就是改善进水水质，并使其基本稳定。

（2）生物滤池处理效率降低。如果是滤池系统运转正常且生物膜的长势良好，仅仅是处理效率有所降低，这有可能是由进水的 pH 值、溶解氧、水温、短时间超负荷运行所致，对于这种现象，只要是处理效率的下降不影响出水的达标排放就可以不采取措施，让其自由恢复。当然如果是下降得十分明显，造成出水不能达标排放，则必须采取一些局部的措施，如调整进水的 pH 值、调整供气量，对反应器进行保温等来进行调整。

（3）滤池截污能力的下降。滤池的运行过程中当反冲洗正常时出现这种情况则表明可能是进水预处理效果不佳，使得 SS 浓度较高所引起的，所以，此时应该加强对预处理设施的管理。

（4）运行过程中的异常气味。如果进水的有机物浓度过高或者是滤料层中截留的微生物膜过多的话，其内就会产生厌氧代谢并产生异味。解决措施为：使生物膜正常脱膜并使其由反冲洗水排出池外，减小滤池中有机物的积累；同时，确保曝气设备的高效率运行；避免高浓度或者是高负荷水的冲击。

（5）针对进水水质异常的管理对策。一般说来，城市污水处理厂的进水水质不会发生很明显的异常，但是在如下一些特定的条件下，污水水质会发生很大的异常，严重影响污水处理系统的运行。

①进水浓度明显偏低。主要出现于暴雨天气，此时应该减少曝气力度和曝气时间，防止出现曝气过量的情况发生，或者是雨水污水直接通过超越管外排。

②进水浓度明显偏高。一般来说，这种情况出现的概率不是很大，但是如果的确出现了，则应该要增大曝气时间和曝气力度，以满足微生物对氧的需求，实行充足供氧。

（6）针对出水水质异常的管理对策。当污水处理厂的出水出现水质恶化时，此时，必须及时地采取有效的处理措施来应对。

①出水水质发黑发臭。其产生的原因可能是污水中的 DO 不足，造成污泥的厌氧分解，产生了硫化氢等恶臭气体，也有可能就是局部布水系统堵塞而引起的局部缺氧。针对前者其解决办法是加大曝气量，提高污水中的 DO，而对于后者采取的措

施就是检修和加大反冲洗强度。

②出水呈现微弱的黄色。当出现这种情况时，可能就是由于生物滤池进水槽化学除磷的加药量太大，同时还有就是铁盐超标，其解决的方法就是减小投药量即可。

③出水带泥、水质浑浊。出现这种情况极有可能就是生物膜太厚，反冲洗强度过大或者是冲洗次数过频所致。所以，在实际操作中应该保证生物膜的厚度不要超过 $300 \sim 400 \mu m$，否则应该及时地进行冲洗；同时，反冲洗强度过大或者是冲洗次数过频会使得生物膜的流失，从而处理能力下降，所以，应该控制水解酸化池的出水 SS，减小反冲洗的次数，并且调整冲洗强度。

## 九、加药间和污泥脱水间的运行与管理

加药间和污泥脱水间都是污水处理厂的重要组成部分，所以一般应设专人维护与管理，确保其始终处于良好的运行状态。

（1）加药间。一般有两种作用，其一就是用来给污泥脱水。在操作时应该注意：没有经过硝化的污泥的脱水性能比较差，所以在正式处理之前测定污泥的比阻值，以此来确定最佳的用药量；对于有异常情况的污泥应该先进行调质然后才进行脱水。其二就是用来化学除磷。在操作时应该注意：必须根据每天的水质化验结果及时地调整用药量，以便使出水水质不出现异常情况，实现达标排放；所使用的化学药剂具有一定的腐蚀性，所以，应该积极地维护设备的安全保养，发现有外漏的情况应该及时抢修。

此外，在加药间工作的人员应该经过必要的培训，以便可以正确地使用加药设备，同时要注意其内的环境卫生条件。

（2）污泥脱水间。污泥脱水间内应该要搞好环境的卫生管理，内部产生的恶臭气体不仅会影响工作人员的身体健康还会腐蚀实验设备，所以，在实际中要注意加强室内空气的流通；及时地清除厂区内的垃圾，及时外运泥饼，并且做到每天下班前冲洗设备、工具以及地面；还要定期地分析滤液的水质，判断污泥脱水的效果是否有下降。

## 十、水质分析室的运行管理

（1）水质分析实验室的管理与维护。要想使水质分析实验室安全、科学地运行，应该严格做到以下事项：

①严格执行化验室的各种安全操作规程；

②严格遵守化验室的各种规章制度；

③认真维护和保养实验室的各种实验设备；

④严格执行药剂的行业配制标准。

（2）化验室主任以及化验人员的岗位责任制。

① 化验室主任要以身作则，带领全室人员严格遵守室内的各种规章制度，积极参加厂组织的各种活动，服从组织的安排，确保完成上级下达的任务和指标；

② 管理好室内的日常事务，履行化验结果的相关签发责任，做好每月考核和年度考评工作，同时要做好相关资料的统计工作；

③ 严格遵守化验室的各种规章制度，坚持安全第一，落实安全措施，团结合作，积极进取，积极奋斗；

④ 化验人员要负责厂内的进出水、污泥和工艺要求的各项目的测试与分析；

⑤ 化验人员要精通分析原理，熟悉采样、分析操作规程，做好原始记录，仔细认真及时地完成所分配的任务；

⑥ 化验人员要承担对厂内排污单位的水质检测；

⑦ 化验人员在配制试剂时要按照规则使用红蓝卷标，并注明名称浓度、姓名和日期；

⑧ 做好仪器分析前后和过程中的卫生，并定期计量校验的仪器，定期对仪器的灵敏度进行标底，确保分析数据的准确性，做好台账；

⑨ 化验员要与工艺员、中控室、厂办等部门保持密切的联系，积极配合厂内的工作检查；

⑩ 化验人员要每天定时在规定的采样点取样，采样的时候要严格按照操作规程做，确保取得的水样不变质并且具有代表性，对所取得水样应该及时地进行分析，不要耽搁，以免影响化验结果的准确性，对各水样测得的数据，如果有异常的情况，应该及时地报告技术负责人，共同分析原因，采取必要的措施进行处理，保证水处理各道工序的正常运转；

⑪ 化验员对于化验结果所得出的数据要及时认真填写，实事求是，确保准确无误；化验结果要做到一式三份，一份交给项目经理，一份交总工，自留一份存档。

## 十一、水质的分析与管理

在污水处理厂的运行过程中，对进出水水质进行严密的监控和精确的分析具有十分重要的意义。水质分析的结果是污水处理厂各项运行管理工作的出发点和依据，是污水处理厂运行的一个经济参数、效益参数和社会参数。

（1）水样的采集。水样的采集必须具有代表性，要全面充分地反映污水处理厂的客观运行状况，反映污水在时间和空间上的规律。

在采样的过程中，对采样点的选择和采样的时间频率都有十分严格的要求，在污水处理厂的出入口、主要设施的进出口和一些局部的特殊位置设置采样点；在污水厂的入口、污水厂的出口的采样频率一般为每班采样 2 ～ 4 次，并将每班各次的水样等量混合后再测试一次，每天报送一次化验结果；而对于主要设施的水样采集一般每周采样 2 ～ 4 次，应该分别测定，最后报送结果；当处理设施处于试运行阶段时，则应该每班都应该采样测定。在采样的过程中，如果遇到事故性排水等特殊情况时，则采样的方式应该和平时正常的方式有所区别。

（2）水样盛装容器的选用。为了避免水样的保存容器对水样测定成分的影响，所以，保存容器必须按照规定的原则选取：测 pH 值、DO、油类、氯应该采用玻璃瓶；测重金属、硫化物、有毒物质应该采用塑料瓶盛装；而对于要测定 $COD_{cr}$、$BOD_5$、酸碱等水样可以采用玻璃瓶或者是塑料瓶。

（3）水样的保存。水样分析理想的状况是对所取的水样立即进行保存，否则，随着时间的耽搁会影响水样分析结果的准确性。为了使被测水样在运输过程中不会发生水质变异，应该加以固定剂进行保存。在水质保存的过程中，对固定剂的选择原则就是保证固定剂的投加不能使以后的测定操作带来很大的困难，具体的选用原则可以参考相关的书籍，一般被测定的水样样品可在 4 ℃下保存 6 h 之久。

## ■ 十二、污泥出泥的管理

（1）正常情况下的污泥出泥的管理。正常情况下的污泥含水率大于 99%，而且脱水性能比较差，一般要投加絮凝剂和助凝剂才能够进行大规模脱水，污水处理厂的污泥投加药剂一般为聚丙烯酰胺和聚合氯化铝，脱水后的滤液回流至集水井再次处理；泥饼装车运到垃圾场填埋，运输过程中不得有泥饼脱落的情况，否则会造成二次污染，影响十分恶劣。

（2）出现异常情况的污泥管理。出现异常情况的原因很多，一般有污泥量减少、污泥上浮、污泥厌氧等。首先查明出现异常问题的原因，然后对症下药解决污泥的异常情况；如果是水解酸化池污泥浓度的降低，那么就应该减少污泥的排放量，而剩余的污泥则按照正常的程序处置；当水解酸化池出现污泥上翻或者是污泥厌氧产气时，应该加大水解酸化池的排泥量。对于污泥出泥的管理是一个十分重要的环节，所以，在实际的运行中要密切地关注污泥出泥的变化，减少恶劣情况的发生。

# 第八章 城市污水处理工艺系统与工程设计典型实例

## 第一节 污水处理的工艺组合流程系统概述

一般废水或污水的组分复杂多变，只用某一种单元操作往往达不到预期的净化指标。因此，在实际水处理中，常采用几种方法组合起来。多种废水处理方法组合就构成废水处理工艺系统或工艺流程。如在预处理阶段以筛分法除去大颗粒固体物质，必要时还需做 pH 值调节和油水分离等操作。此后的一级处理意在除去悬浮物，二级处理主要对象是可生化有机物，此后若水中还有残存悬浊物或溶解杂质等可应用各种深度处理方法。典型的城市废水处理工艺系统如图 8-1 所示。

图 8-1 城市污水典型处理流程

在考虑用何种方法处理废水的同时，必须考虑技术经济指标，按经济规律办事，着眼于综合利用，讲究经济效益、治理效果和核算成本等，做到因地制宜。否则，花费大量投资而达不到治理目的或治理工程建成后因不合理而半途而废，造成浪费。

## 第二节 污水处理工艺系统及工程优化设计

处理工艺选择的目的是根据污水量、污水水质和环境容量，在考虑经济条件和管理水平的前提下，选用安全可靠、技术先进、节能、运行费用低、投资省、占地少、操作管理方便的成熟工艺。

工艺流程优化设计，一般需要考虑下列因素。

1. 污水应达到的处理程度

这是选择处理工艺的主要依据，污水处理程度主要取决于处理后水的出路和动向。

（1）处理后出水排放水体，是最常采用的动向。处理后的出水排放水体时，污水处理程度一般以城市污水二级处理工艺技术所能达到处理程度，即 $BOD_5$、SS 均为 30 mg/L 来确定工艺流程。

（2）主要回用于农业灌溉，其水质应达到《农田灌溉水质标准》（GB 5084—2021）。其次是作为城市杂用水，如喷洒绿地、公园、冲洗街道和厕所，以及作为城市景观的补给水等。回用水的水质指标为：

COD ＜ 30 mg/L;

BOD ＜ 15 mg/L;

pH 值 5.8 ～ 8.6;

大肠菌群 ＜ 10 个 /mL;

气味不使人有不快的感受;

消毒杀菌并应保证出水有足够的余氯。

2. 建设及运行费用

考虑建设和运行费用时，应以处理水达到水质标准为前提条件。在此前提下，工程建设及运行费用低的工艺流程应得到重视。此外，减少占地面积也是降低建设费用的重要措施。

3. 工程施工难易程度

工程施工的难易程度是选择工艺流程的影响因素之一。如地下水位高、地质条件差的地方，就不适宜选用深度大、施工难度高的处理构筑物。另外，也应考虑所确定处理工艺应运行简单、操作方便。

4. 当地的自然和社会条件

当地的地形、气候等自然条件也对废水处理流程的选择具有一定影响。如当地气候寒冷，则应采用在采取适当的技术措施后，在低温季节也能够正常运行，并保证取得达标水质的工艺。

5. 污水量和水质变化情况

污水量的大小也是选择工艺需要考虑的因素，水质、水量变化较大的污水，应考虑设置调节池或事故贮水池，或选用承受冲击负荷较强的处理工艺，或选用间歇处理工艺。

总之，污水处理工艺流程的选择是一项比较复杂的系统工程，必须对上述各因素加以综合考虑，进行多种方案的经济技术比较，还应进行深入的调研及试验研究工作，才可能选择技术先进可行、经济合理的理想工艺流程。

# 第三节　污水处理工程设计典型实例

## 一、宝钢德盛污水处理厂

### 1. 工艺介绍

（1）工程概况。乡镇、企业污水处理工程与城市污水处理工程不同，具有远离城市、处理规模较小、用地资源紧张、建设资金极其有限、运行管理人员较匮乏等特点，常用的工艺有三种：生物膜法的典型代表——接触氧化工艺，改进活性污泥法的成熟代表——氧化沟工艺，处理成本低的土地处理系统代表——快速渗漏工艺。某公司远离城市污水厂、污水纳入城市污水厂统一处理有难度，厂区已建成工业废水处理站并投产运行了，但厂区生活污水未进行处理，因此，厂区内的生活污水收集后进行独立处理，并结合企业冷却用水与冲灰用水量大的特点，生化出水深度处理后进行回用。

本工程污水处理规模小、污泥产量小（约 250 kg/d），采用机械脱水增加设备管理节点、运行要求高；采用自然干化方式虽易受气候影响，但鉴于污泥量小，自然干化池具有一定的储存功能，通过干化池上设可滑移阳光板，一则可避免雨水渗入污泥，二则也可移开阳光板通过日晒增加蒸发量，且自然干化无须动力能耗，管理要求低，推荐污泥采用自然干化工艺。

鉴于污水处理站的运行管理水平、处理规模及中水回用的特点，采用易于运行管理的改良型 Carrousel 氧化沟生物处理工艺、微絮凝高效过滤的深度处理工艺、次氯酸钠消毒工艺及污泥自然干化工艺，如图 8-2 所示。

图 8-2　宝钢德盛污水处理站工艺流程图

（2）水质、水量指标和处理要求及指标。污水处理站主要处理厂内生活区的生活污水，设计规模 2000 m³/d。设计进水水质根据厂区内生活区排放污水的性质，并结合已运行的罗源县城关污水处理厂进水水质综合确定；鉴于出水作为宝钢德盛不锈钢有限公司的冷却用水与冲灰用水，出水水质在满足《城镇污水处理厂污染物排放标准》（GB 18918—2002）一级 A 标准的情况下执行《城市污水再生利用工业用水水质》（GB/T 19923—2005）中的冷却用水及洗涤用水水质，详见表 8-1。

表 8-1　污水处理站进、出水水质

| 项目 | 进水水质 | 出水水质 |
|---|---|---|
| BOD$_5$（mg/L） | 80 | ≤ 10 |
| COD$_{Cr}$（mg/L） | 180 | ≤ 50 |
| SS（mg/L） | 180 | ≤ 10 |
| NH$_4^+$-N（mg/L） | 20 | ≤ 5（8） |
| TN（mg/L） | 30 | ≤ 15 |
| TP（mg/L） | 3 | ≤ 0.5 |
| 浊度（NTU） | — | ≤ 5 |
| 色度（度） | — | ≤ 30 |
| 粪大肠菌群数（个 /L） | — | ≤ 1 000 |

注：表中括号外数值为水温＞ 12℃时。

2024 年 4 月，国家市场监督管理总局（国家标准化管理委员会）批准颁布了《城市污水再生利用 工业用水水质》（GB/T 19923—2024）修订发布，替代《城市污水再生利用 工业用水水质》（GB/T 19923—2005），新标准 2024 年 10 月 1 日起正式实施。

2．工艺设计

规模 2000 m³/d，$K_Z$=1.93，进行工艺设计分析。

（1）总体布局（图 8-3）。

图 8-3　总平面布置图

①细格栅及调节池；②改良型氧化沟；③沉淀池，污泥泵房及中间水池；
④综合处理车间（加药加氯，过滤车间及回用泵房）；⑤清水池；⑥千化池；⑦管理用房

工程占地约 5433 m²，根据窄长形用地的特征，综合考虑工艺流程及站区人流、物流和交通流的流畅，进行总平面布置，在站区南侧紧邻站外道路布置管理用房（含配电室），由南至北依次按照水力流程布置建构筑物，将泥水分离、污泥回流、剩余污泥提升、沉淀出水提升合为一体构筑物，将加药、加氯、过滤和回用泵房合为一体综合车间，把衔接紧密、功能类似的建（构）筑物进行一体化设计。

（2）细格栅及调节池。

①功能：去除污水中较大漂浮物，并拦截直径大于 6 mm 的固体物，保证后续处理系统正常运行，同时对水质水量进行调节，并提升污水至生化系统。

②设计参数：

过栅流量：$Q_{max}$=160.8 m³/h

栅条间隙：$b$=6 mm

调节池：$HRT$=8.9 h

③主要设备：回转式细格栅 1 台，格栅净宽 0.6 m，$a$=75°，$N$=0.75 kW。搅拌机 2 台；潜污泵（$Q$=42 m³/h，$H$=11 m，$N$=3.7 kW）3 台，2 用 1 备。

④主要特点：将固体、漂浮物去除、水质水量调节、污水提升功能综合至一构筑物中实现。

（3）改良型 Carrousel 氧化沟。

设 1 座 2 组，每组规模 1000 m³/d。

①结构尺寸：$L \times B \times H$=24.45 m×17.7 m×4.2 m。

②设计参数：总停留时间 $HRT$=14.6 h

选择区：水力停留时间 0.4 h，内设搅拌机 1 台，功率 0.37 kW。

厌氧区：水力停留时间 2.0 h，每格设推流器 1 台，功率 0.85 kW。

缺氧区：水力停留时间 2.6 h，每格设推流器 1 台，功率 0.85 kW。

好氧区：污泥负荷，$FWV$=0.064 kg BOD₅/（kg MLSS·d）

污泥浓度：$MLSS$=3000 mg/L，MLVSS/MLSS=0.75

水力停留时间：$HRT$=9.6 h。

总泥龄：$SRT$=15 d。

需氧量：$AOR$=225 kg O₂/天（单组）。

供氧量：$SOR$=389.6 kg O₂/天（单组）。

有效水深：$H$=3.7 m。

主要设备：18 kg O₂/h 转碟曝气机 2 台，$D$=1500 mm，$N$=15 kW；$B \times H$=0.3 m×0.3 m 进水闸门 2 台；$B \times H$=0.5 m×0.5 m，混合液回流闸门 2 台；出水调节堰门 1 台，$B \times \Delta H$=0.6 m×0.6 m，启闭力 $T$=3.0 T。

③主要特点：通过池型布置和水力条件优化，在不增加额外动力能耗的情况下实现混合液内回流；把氧化沟设计成 A²/O 运行模式，脱氮除磷效果更佳。

（4）沉淀池、污泥泵房及提升水池。包括沉淀池、提升水池和污泥泵房。进行泥水分离，使混合液澄清、污泥浓缩并将分离的污泥回流到生化段，将剩余污泥提升至污泥干化池，同时将出水提升至后续的处理系统。

①设计参数：竖流沉淀池 2 格，平均水力负荷 $q_av$=0.85 m³/（m²·h）。

②主要设备：各设清水提升潜水泵、污泥回流泵、剩余污泥泵 3 台，均 2 用 1 备。

③主要特点：将泥水分离的沉淀池与污泥回流、剩余污泥提升和沉淀出水提升合并为一体化构筑物，节省用地与投资。

（5）综合处理车间。包括过滤间、加矾间、次氯酸钠制备间和水泵间。

①加矾间：设计药剂为聚合氯化铝 PAC，设计正常投加量 15 mg/L，最大投加量 30 mg/L，常年投药浓度为 5%。加矾采用 SCD 控制技术，根据流量和浊度反馈控制，配备一体化控制设备。

②过滤间：采用滤速快、占地小、精度高、反冲洗耗水率低、冲洗效果好、抗冲击负荷的自适应纤维球滤料高效过滤器 1 个。

设计正常滤速 $V$=36.9 m/s、过滤周期 24 h。

反冲洗：水冲 $q_1$=6 ～ 8L/（m²·s）、$t_1$=1 ～ 2 min；气冲 $q_2$=60 L/（m²·s）、$t_2$=3 ～ 5 min；气水冲强度同水冲、气冲，$t_3$=8 ～ 10 min。

反冲洗水泵 2 台：$Q$=25 m³/h，$h$=12.5 m，$N$=1.5 kW；反冲洗鼓风机 2 台：$Q_S$=4.4 m³/min，$P$=0.060 MPa，$N$=11 kW。

③次氯酸钠制备间：设计正常投氯量 9 mg/L，最大 15 mg/L。

发生器采用溶盐箱、电解槽、储液箱、投药泵一体式装置。

发生器的冷却水管、排空管排水均排放至排水沟，排氢管从高处排出室外。

④水泵间：设清水泵 4 台，正常运行 2 台，高峰时根据流量控制运行台数。$Q$=45 m³/h，$h$=16 m，$N$=4.0 kW。

⑤主要特点：将加药、消毒、过滤和中水回用提升泵房合并为一体化处理车间，管理集中方便。

（6）清水池。

①功能：调节进出水水量。

②参数：总调节容积 $V$=400 m³。

（7）污泥干化池。

通过蒸发、下渗及浓缩排除上清液方式对剩余污泥进行自然干化脱水。

①结构尺寸：$L\times B$=25.6 m×14.6 m、$H$=2.0 m 分为三格。

②参数：总剩余污泥量 250 kg/d。

③主要设备：排除上清液闸门 3 台，$B\times H$=800 mm×800 mm。

④主要特点：针对小规模污水处理产泥量少的特点，采用具有自然蒸发、下渗及浓缩上清液排除功能的污泥自然干化池，具有操作简易、运行灵活、投资省的实

用价值；上设可滑移阳光板应对雨季对污泥干化的影响。

3．总体评价

该污水处理站于2013年1月建成投产，工程投资约560万元，出水回用于厂区作为冷却水和冲灰水，水质稳定可靠。针对比较偏远、小规模、运行管理要求简单的污水处理工程特点，对局部工艺流程进行一体化设计，实现运行管理简单与节省投资的目的。

（1）将细格栅、污水调节与提升合并为一体化处理构筑物；将泥水分离的沉淀池与污泥回流、剩余污泥提升和沉淀出水提升合并为一体化构筑物；将加药、消毒、过滤和中水回用泵房合并为一体化处理车间；实现了功能类似、衔接紧密建构筑物的一体化运行管理，节省投资、便于运行管理维护。

（2）采用泵前投加絮凝剂的形式，有效利用水泵叶轮的混合作用。

（3）采用滤速快、占地小、精度高、反冲洗耗水率低、冲洗效果好、抗冲击负荷强的自适应纤维球滤料高效过滤器，回用水水质保障性高。

（4）针对小规模污水处理产泥量少的特点，采用具有自然蒸发、下渗及浓缩上清液排除功能的污泥自然干化池，具有操作简易、运行灵活、投资省和运行成本低的实用价值。

## 二、四川某城市污水处理厂

1．工程概况

目前，国内外城市污水处理技术越来越向着简单、高效、经济的方向发展，各类构筑物从工艺和结构上都趋向于合建一体化，如氧化沟、SBR、UNITANK等。其中，一体化氧化沟作为氧化沟的一种改良型，以其独特的技术、经济优势，正在我国中小城市得到推广应用。某城市污水处理工程确定采用一体化氧化沟工艺进行处理，以达到使处理后污水达标排放、保护环境的目的。

2．设计水质、水量等指标

设计处理水量规模为$10^4 m^3/d$。

设计进水水质$BOD_5$为$100 \sim 150 \ mg/L$，COD为$200 \sim 300 \ mg/L$，SS为$250 \ mg/L$。设计出水水质达到《污水综合排放标准》（GB 8978—1996）一级标准。

3．工艺介绍

（1）污水主要工艺流程如图8-4所示。该工程采用一体化氧化沟处理工艺。氧化沟工艺具有以下特点：

①工艺流程简单，运行管理方便。氧化沟工艺不需要初沉池和污泥消化池。有些类型氧化沟还可以和二沉池合建，省去污泥回流系统。

②运行稳定，处理效果好。氧化沟的$BOD_5$平均处理水平可达到95%左右。

③能承受水量、水质的冲击负荷，对浓度较高的工业废水有较强的适应能力。这主要是由于氧化沟水力停留时间长、泥龄长和循环稀释水量大。

④污泥量少、性质稳定。由于氧化沟泥龄长，一般为 20 ～ 30 d，污泥在沟内已好氧稳定，所以污泥产量少而管理简单、运行费用低。

⑤可以除磷脱氮。可以通过氧化沟中曝气机的开关，创造好氧、缺氧环境达到除磷脱氮目的，脱氮率一般＞80%。但要达到较高的除磷效果则需要采用另外措施。

⑥基建投资省、运行费用低。和传统活性污泥法工艺相比，在去除 $BOD_5$、去除 $BOD_5$ 和 $NH_3-N$，以及去除 $BOD_5$ 和脱氮三种情况下，基建费用和运行费用都有较大降低；特别是在去除 $BODs$ 和脱氮情况下费用更低。同时统计表明，在规模较小的情况下，氧化沟的基建投资比传统活性污泥法节省更多。

图 8-4　污水处理工艺流程

（2）一体化氧化沟的基本特点是将生物处理净化和固液分离合为一体。而从生物处理工艺来讲，该一体化氧化沟又是一个集厌氧、缺氧、好氧为一体的 $A^2/O$ 体系。一体化氧化沟总设计水力停留时间为 15 h，其中厌氧段为 1 h，缺氧段为 2 h，好氧段为 12 h。沟内有效水深 4.5 m，单沟宽 10.5 m。厌氧区设 0.75 kW 水下混合搅拌器 1 台，缺氧区设 2.2 kW 水下混合搅拌器 1 台。好氧段设直径为 10 m、长 9 m 的曝气转刷 2 台，每台功率 45 kW，此外还设有 7.5 kW 水下推动器 2 台。

在本工艺中，固液分离是在氧化沟的侧沟和中心岛的固液分离器中进行的（图 8-5），它们是一体化氧化沟技术的关键，同时具有固液分离和污泥回流两大功能，直接决定着出水水质的好坏。

（3）固液分离器工作原理。侧沟与中心岛固液分离器具有与二沉池相同的功能，但沉淀机理与主要是重力作用的二沉池又有显著的不同。当混合液由主沟进入固液分离组件后，由于组件的特殊构造，水流方向发生很大的变化，造成较强烈的紊动。这时混合液中的污泥颗粒正处于前期絮凝阶段，紊动对絮凝的影响不大。随着絮凝不断进行，污泥颗粒越来越大，污泥的絮凝过程到了后期絮凝阶段，紊动的不利影响也越来越大，与絮凝过程的要求相适应，这时混合液流过组件弯折，流速大大降低，且流动开始趋于缓和。因此，在固液分离组件下部的很小底层里，絮凝作用已基本完成。絮凝成形的污泥颗粒在不断上升的过程中，密度越来越大，流速越来越小。慢慢开始发生沉降的污泥颗粒还会被池底不断涌入的混合液的上升水流所冲击，当重力与向上的冲击力相等时，污泥保持动态的静止，于是形成了一个活性污泥悬浮层。悬浮层中的颗粒由于拦截进水中的杂质而不断增大，污泥颗粒沉速不断提高，从而可以提高水流上升流速和产水量。因此，不仅提高了分离器的表面负荷，还取得了较高质量的出水，并实现了污泥的无泵回流。

图 8-5　固液分离器示意图

值得一提的是，分离器上形成的悬浮层并不是固定不变的，而是一层处于动态平衡的活性污泥层。这是由于氧化沟内的水平流速及分离组件的特殊构造使发生絮凝的污泥不断向主沟回流，而混合液不断上升。这样，悬浮层中的污泥得到不断更新，避免了活性污泥因堆积缺氧而造成的腐化和反硝化浮泥现象。

（4）固液分离效果分析。一般来说，活性污泥系统固液分离效果受表面负荷（NA）、污泥浓度（MLSS）以及污泥沉降性能（SVI）等因素影响。由表 8-2 可以看出在这几种因素的影响下，出水水质的变化并不大，说明该固液分离器运行效果稳定，能承受较大的表面负荷。

表 8-2　侧沟固液分离效果

| $Q$（m³/d） | NA［m³/（m³·d）］ | MLSS（mg/L） | SVI（mL/g） | 出水 SS（mg/L） |
|---|---|---|---|---|
| 11100 | 52.8 | 2075 | 55 | 12.1 |
| 10500 | 50.0 | 1886 | 79 | 8.1 |
| 11500 | 54.8 | 1879 | 80 | 10.3 |
| 7500 | 35.7 | 2046 | 73 | 3.2 |

续表

| $Q$（m³/d） | NA［m³/（m³·d）］ | MLSS（mg/L） | SVI（mL/g） | 出水 SS（mg/L） |
|---|---|---|---|---|
| 8000 | 38.1 | 2251 | 67 | 5.3 |
| 12000 | 57.1 | 2428 | 62 | 14.0 |
| 12500 | 59.5 | 2837 | 53 | 18.5 |

该固液分离器的平均表面负荷为 50 m³/（m²·d），是一般二沉池的 1.5～2 倍，因此可比一般的二沉池节省占地 1/3～1/2。而且固液分离器实现了污泥的无泵自动回流，节省了工程造价和日常运行、管理及维护费用。

在 A²/O 除磷脱氮工艺中，为了保证各阶段的生物量，一般来说需要三种不同的回流（图 8-6），而一体化氧化沟的回流却有着明显的不同（图 8-7）。原因在于一体化氧化沟的回流具有如下特点。

1）厌氧段的回流混合液来自缺氧段，使厌氧段中的硝态氮含量降低，有助于厌氧段聚磷菌的释磷。

2）缺氧段和好氧段之间实现了混合液的水力回流，省掉了一套机械回流装置。

3）固液分离器在实现固液分离作用的同时实现了污泥向好氧段的无泵自动回流，再次省掉了一套机械回流装置。

图 8-6　传统 A²/O 法工艺
①从二沉池到进水口的回流；②从缺氧段向厌氧段的回流；
③从缺氧段和好氧段之间实现混合液的水力回流

由此可知，与传统 A²/O 工艺相比，一体化氧化沟工艺省掉了两套污泥回流系统，大大节省了工程建设费用和运行管理维护费用。

图 8-7　一体化氧化沟工艺
①污泥无泵回流；②混合液机械回流；③混合液水力内回流

## 4．运行及管理介绍

该工程培菌初期基本上是直接引进原污水进行闷曝。由于培菌期间为冬季，平均水温不到10℃，故微生物增长十分缓慢，为了加快培菌过程，缩短启动时间，采用了投加鸡粪和粪便污水进行培养，效果较为显著，出现少量活性污泥絮体。后改用连续培养方式，至沟中活性污泥浓度达到1000 mg/L，SV值达到10%，活性污泥沉降性能良好，镜检出现固着型原生动物，出水水质稳定。至此，培菌结束开始投入正常运行。

## 5．设备设计

该一体化氧化沟采用水下推动器和曝气转刷组合的动力系统。一般说来，在一个完全混合活性污泥系统中，表面机械曝气设备同时承担着充氧、混合和推动的作用。由于曝气设备技术条件的局限，早期的氧化沟沟深受到很大限制，而水下推动器的配合使用，使曝气转刷从众多的功能中相对独立出来，以充氧的功能为主，混合推动的功能则主要由水下推动器承担，防止沟中产生沉积。该污水厂的运行情况表明，当只有两台转刷运行时，沟内有一定的污泥沉积。当一台转刷和两台水下推动器组合运行时，混合状况良好。而水下推动器的功率密度仅为3 W/m³，故既达到了节能的目的，同时也使增大沟深、减少占地的目的得以实现。

该污水厂全部设备为国产化设备，节省了投资，与我国提倡的城市污水处理设备国产化、成套化的方针政策一致。合建式一体化氧化沟缩短了工艺流程，固液分离器实现泥水分离和污泥无泵自动回流，固液分离效率高，曝气转刷和水下推动器联合使用，使运行方式更为灵活。一体化氧化沟在工程投资、占地和能耗上具有极大的优势，是适合我国国情的一种污水处理新技术，非常适合中小城市污水处理厂。

## 6．处理效果及分析

污水处理厂进出水水质情况见表8-3。

表8-3　污水处理厂进出水水质情况

| 项目 | COD（mg/L） | BOD（mg/L） | SS（mg/L） | NH₃-N（mg/L） | TN（mg/L） | TP（mg/L） |
|------|------------|------------|-----------|--------------|-----------|-----------|
| 进水范围 | 77.9～578 | 55～153 | 22～541 | 13～27.8 | 18～30.7 | 2.6～8.9 |

续表

| 项目 | COD（mg/L） | BOD（mg/L） | SS（mg/L） | NH$_3$-N（mg/L） | TN（mg/L） | TP（mg/L） |
|---|---|---|---|---|---|---|
| 进水均值 | 197.4 | 73.2 | 123.1 | 20 | 23.4 | 5.8 |
| 出水范围 | 26.0～46.0 | 9.2～20.6 | 3.0～21.0 | 0.8～2.3 | 3.1～12.4 | 1.1～5.5 |
| 出水均值 | 33.6 | 15.4 | 13.1 | 1.5 | 6.9 | 2.3 |

由表 8-3 可看出原水平均 BOD$_5$/COD=0.37，可生化性较好，但从营养比看，BOD$_5$：N：P=16.6：4：1，说明有机物浓度偏低。这主要是由于原污水基本上是生活污水，经化粪池后，一部分有机物发生沉淀和降解。此外，含氮有机物还发生厌氧消化，故 NH$_3$-N 浓度相对较高。从出水水质可以看出，除 TP 外其余各项指标均优于国家一级排放标准。这主要是由于除磷是通过剩余污泥的排放实现的，而在此期间内基本上还未排放过剩余污泥的缘故。

7．总结评价

合建式一体化氧化沟缩短了工艺流程，固液分离器实现泥水分离和污泥无泵自动回流，固液分离效率高；曝气转刷和水下推动器联合使用，使运行方式更为灵活。一体化氧化沟在程投资、占地和能耗上具有极大的优势，是适合我国国情的一种污水处理新技术，非常适合中小城市污水处理厂。

8．不足之处

该工艺处理后的水主要以景观用水为主，虽然在很大程度上降低了人们对新鲜水源水的需求，从而减小环境所承载的负荷，但是没有充分利用水资源，若处理后的水能够回用，经过进一步的处理能够达到生活用水的标准就更好了。总之，城市生活污水处理会朝着低能耗、高效率、少剩余污泥量、最方便的操作管理，以及实现磷回收和处理水回用等可持续的方向发展。

## 三、武汉汉阳南太子湖污水处理厂

1．工程概况

活性污泥法的典型案例：人工湿地联合处理示范工程。该工程位于武汉汉阳南太子湖污水处理厂内，南太子湖污水处理厂服务面积为 55.4 km²，服务人口为 61.3 万人，近期达到规模为 10⁴ m³/d，采用 T 形氧化沟二级生物处理工艺，污泥采用带式压滤机脱水处理，项目总投资约为 17000 万元。示范工程进水来自南太子湖污水处理厂沉砂池出水，经过交互式反应器处理后，一部分出水汇同南太子湖厂处理出水经厂区排放口排入长江，另一部分出水通过潜流湿地进行生态处理后回用，剩余污泥进入污泥浓缩池，然后经带式压滤机脱水外运。

2．进水水质水量

示范工程水质监测从 2006 年 4—11 月，时间跨过春季、夏季、秋季三个季节，平均进水水质见表 8-4，进水月变化情况如图 8-8 所示。由于示范工程所处的南太子湖污水处理厂是新建厂，正式投产运行不到一年的时间，配套收集管网尚未完全建成，故水量没有达到设计水量。受此影响，示范工程进水量也只有 7000～8000 m³/d，平均处理水量达到设计值的 75% 左右。故交互式反应器的实际水力停留时间延长到了 11.3 h，潜流人工湿地的实际水力负荷也减小到了 0.35 m/d。

表 8-4　示范工程进水水质

| 水质指标 | 平均值 | 最大值 | 最小值 |
|---|---|---|---|
| 水温（℃） | 25.16 | 29.7 | 17.8 |
| pH 值 | 7.36 | 8.11 | 6.9 |
| SS（mg/L） | 219.9 | 938 | 44 |
| 色度 | 115 | 320 | 36 |
| $COD_{Cr}$（mg/L） | 254.2 | 789 | 101 |
| $BOD_5$（mg/L） | 127.3 | 647 | 37.5 |
| $NH_4^+$-N（mg/L） | 28.23 | 40.8 | 13.6 |
| TN（mg/L） | 33.03 | 44.2 | 16.8 |
| TP（mg/L） | 4.57 | 11.9 | 1.69 |
| BOD/COD | 0.5 | 0.62 | 0.28 |
| COD/TN | 7.7 | 13.26 | 4.54 |
| COD/TP | 55.6 | 67.8 | 32.5 |

图 8-8  示范工程进水水质月变化情况

(a) pH 值和水温; (b) COD、BOD、SS 和色度;
(c) $NH_4^+$-N、TN 和 C/N; (d) TP 和 CP

### 3. 工艺介绍

根据武汉市经济技术开发区城市污水全年水质波动大、有机碳源含量低、氮磷营养盐含量高的水质特征，采用高效生物处理工艺，对城市污水中的 COD、SS、氮磷等进行有效去除，采用人工湿地系统对出水中的氮磷进一步去除，强化出水水质。联合示范工程工艺流程如图 8-9 所示。原污水经过隔栅、沉砂去除大颗粒物质后，进入交互式反应器进行生物处理，出水经二沉池沉淀后满足一定的排放要求，部分或全部二级处理出水进入页岩／钢渣潜流人工湿地进行生态处理。

由于武汉市各个时段原水水质特征如水温、有机物浓度和 C/N 等、降水量不同，根据出水水质要求，在各时段采用不同的工艺运行模式，即采用了改良型 $A^2$/O 工艺、预缺氧＋倒置 $A^2$/O 工艺和局部低氧倒置 $A^2$/O 工艺三种运行模式。各工艺运行流程如图 8-10 ～图 8-12 所示。

图 8-9　联合处理示范工程工艺流程图

图 8-10　交互式反应器示范工程改良型 A²/O 模式工艺流程图

1—泵站来水；2—细格网；3—进水提升泵；4—预缺氧池；5—厌氧池；6—缺氧池；
7—好氧池；8—二沉池；9—出水；10—污泥回流泵；11—混合液回流泵；12—鼓风机；13—搅拌机；
14—微孔曝气盘；15—穿孔管；16—排泥阀；Ⅰ～Ⅵ—反应器分区编号

图 8-11　交互式反应器示范工程预缺氧＋倒置 A²/O 模式工艺流程图

1—泵站来水；2—细格网；3—进水提升泵；4—预缺氧池；5—缺氧池；6—厌氧池；7—好氧池；
8—二沉池；9—出水；10—污泥回流泵；11—鼓风机；12—搅拌机；
13—微孔曝气盘；14—穿孔管；15—排泥阀；Ⅰ～Ⅵ—反应器分区编号

图 8-12　交互式反应器示范工程局部低氧倒置 A²/O 模式工艺流程图

1—泵站来水；2—细格网；3—进水提升泵；4—缺氧池；5—厌氧池；6—好氧池；
7—二沉池；8—出水；9—污泥回流泵；10—鼓风机；11—搅拌机；
12—微孔曝气盘；13—穿孔管；14—排泥阀；Ⅰ～Ⅵ—反应器分区编号

在初始阶段（4—6 月中旬），系统开始稳定运行，但是进水污染物浓度超出了设计负荷，平均 COD、TN、TP 分别达到 382 mg/L、35.1 mg/L、6.92 mg/L。综合考虑低温影响、硝化菌培养、污染物浓度较高等因素，采用了长泥龄、高污泥浓度的改良型 A²/O 工艺。改良型 A²/O 工艺Ⅰ区和Ⅱ区同时进水，流量分配为 20% 和 80%，增强预缺氧池（Ⅰ区）的反硝化能力，进一步充分利用进水中相对充裕的碳源，通过降低污泥回流比，减少了回流污泥中硝态氮的影响，同时通过加大内回流，保持了较高的总氮去除效率，出水水质高、运行管理方便。

进入夏季阶段后（6 月中旬至 9 月初），进水污染物浓度恢复正常，平均 COD、TN、TP 分别为 232 mg/L、31.4 mg/L、3.51 mg/L，水温逐渐升高，工艺转换为较低污泥浓度的预缺氧＋置 A²/O 工艺。在该流程中，Ⅰ区作为预缺氧池对回流污泥进行内源反硝化，以消除硝态氮对厌氧释磷的影响。第Ⅱ区和第Ⅲ区分别作为厌氧池和缺氧池，污泥回流至第Ⅲ区，第Ⅳ～Ⅵ区均为好氧池。由于交互式反应器本身的构造特点，混合液回流泵的位置不是位于好氧区的出水端，而是位于反应器第Ⅳ分区的末端。好氧区中Ⅵ区的主要功能是作为物化池完成混凝反应过程。

进入秋季阶段后（9—11 月），随着汉阳地区排水管网的建设，进水污染物浓度进一步降低，平均 COD、TN、TP 分别为 200 mg/L、34.9 mg/L、3.19 mg/L，C/N 值下降到接近 100 m³/d 系统水平，采用局部低氧倒置 A²/O 工艺。在该流程中，为了保持系统较高的硝化效率，扩大了好氧段范围，将第Ⅲ区与Ⅳ～Ⅵ区合并为好氧池，以延长好氧段停留时间。取消内回流，污泥回流至Ⅰ区，第Ⅰ区作为缺氧区，第Ⅱ区作为厌氧区，原水平均介配进入Ⅰ区和Ⅱ区。由于取消了内回流，倒置 A²/O 工艺可以节省能耗，延长了好氧段停留时间，能在较低污泥浓度下维持系统的氨氮硝化率，降低反硝化效率，争取在有限碳源条件下求得均衡的脱氮效率和除磷效率，所采用污泥回流比为100%，取消了混合液回流，理论总氮去除效率为50%。

从二次沉淀池出来的水中的氮磷需潜流人工湿地进一步去除，强化出水水质。如图8-13所示，在潜流人工湿地系统中，污水由人工湿地的一端引入，经过配水系统（一般由卵石构成）均匀进入根区基质层，通过附着在砾石和植物地下部分（即根和根茎）上的好氧微生物的作用分解废水中的有机物，矿化后的一部分有机物（如氮和磷）可被植物利用，在缺氧区还可以发生反硝化作用而脱氮，使污水得到净化。在预处理系统中没有去除的可沉降和悬浮固体通过过滤和沉降被有效去除，沉降在任何水平潜流式人工湿地的静止区域均会发生。

图8-13 水平潜流人工湿地构造示意图

4．设计参数

示范工程交互式反应器长29.2 m，宽20.3 m，有效水深6 m，设计处理水量10000m³/d，总水力停留时间8.5 h。示范工程分为预缺氧池、厌氧池、缺氧池、好氧池和后曝气池，各部分功能单元结构参数见表8-5，反应器平面布置如图8-14所示。反应器采用鼓风曝气，选用两台国产罗茨风机，单台风量20 m³/min，风机配备变频调节装置，以根据系统要求自动调节曝气量。采用中心进水周边出水的辐流式二沉池，设计水力表面负荷为1.0 m/h（当MLSS=4000 mg/h时，上升流速 $u=0.28$ mm/s），池体直径25 m，沉淀池周边水深3.7 m，总高度4.73 m。

表8-5 示范工程交互式反应器系统各部分单元尺寸及有效容积

| 编号 | 功能单元名称 | 长×宽×高（m） | 有效容积（m³） | 设计停留时间（h） |
|---|---|---|---|---|
| 1 | 预缺氧池 | 5.6×6×6 | 201.6 | 0.48 |
| 2 | 厌氧池 | 11.8×6×6 | 424.8 | 1.02 |
| 3 | 缺氧池 | 11.8×6×6 | 424.8 | 1.02 |
| 4 | 好氧池 | 23.6×14.3×6 | 2024.9 | 4.86 |
| 5 | 后曝气池 | 5.6×14.3×6 | 480.5 | 1.15 |
| 总计 | | 29.2×20.3×6 | 3556.6 | 8.53 |
| 二沉池 | | φ25×3.7 | 1815.3 | 4.36 |

图 8-14  示范工程交互式反应器平面布置图

示范工程生态处理系统采用潜流人工湿地,反应器出水经沉淀池沉淀后直接进入湿地,没有另设预处理设施。潜流湿地总占地面积约为 9500 m²,湿地长约 103 m,宽约 92 m,设计处理水量为 5000 m³/d,设计表面水力负荷为 0.5 m/d。湿地沿长度方向分两段,每段分为 6 个小单元格,以保障湿地长宽比不小于 3,避免短流和死区的发生。

潜流湿地床深 0.8 m,底部采用土工布做防渗处理,上填 60 cm 厚填料,为防止堵塞并延长其使用寿命,填料粒径以 20 ~ 30 mm 为主,沿进水方向分为三段,依次为粒径 20 ~ 30 mm 的风钢渣,约占湿地总长度的 1/4;粒径 20 ~ 30 mm 的碎石,约占湿地总长度的 1/2,其余的为粒径 6 ~ 13 mm 的碎石。填料层上覆 20 cm 土壤,植物以当地优势挺水植物菖蒲和香蒲为主,种植株间距均约为 40 cm,并混种适应冬季生长的黑麦草。采用明渠花墙布水,布水区宽 0.5 m,用直径为 50 ~ 100 mm 卵石充填。出水采用 DN100UPVC 穿孔管收集,水位可调节。

5.出水水质

示范工程交互式反应器在改良型 A²/O 工艺、预缺氧 + 倒置 A²/O 工艺、局部低氧倒置 A²/O 工艺条件下均取得了良好的污染物去除能力,工艺模式的切换达到了预期的效果。

人工湿地系统在刚投入运行时就表现出较强的污染物去除能力,除总氮外,各项水质指标均有明显降低,稳定阶段湿地出水 COD、BOD、TP 达到《地表水环境质量标准》(GB 3838—2002)Ⅲ类水质,$NH_4^+$-N 达到 V 类水质。如图 8-15 ~图 8-20 所示为交互式反应器和人工湿地对 COD、TN、TP 的去除情况。

图 8-15　示范工程交互式反应器对 COD 的去除效果

图 8-16　交互式反应器对 TN 的去除

图 8-17　人工湿地对 TN 的去除

图 8-18　交互式反应器对 TP 的去除

图 8-19　人工湿地对 TP 的去除

图 8-20　示范工程人工湿地对 COD 的去除效果

6．结论

通过示范工程的运行，验证了活性污泥法——人工湿地联合处理城市污水的可行性，运行结果表明，交互式反应器具有灵活调控的特点，对水质水量的变化有很强的适应能力，即使实际运行情况与设计参数有所差别，仍能取得优良的出水水质。

人工湿地生态系统能有效地降低二级处理出水污染物浓度，但是对氮的去除有一个逐渐适应的过程，碳源的缺少是限制其反硝化能力的重要原因，钢渣的使用显著地增强了潜流湿地对磷的去除能力。

在进水平均 COD、$NH_4^+$-N、TN、TP 为 381 mg/L、24.4 mg/L、35.1 mg/L、6.92 mg/L 时采用改良 $A^2/O$ 工艺，平均 COD、$NH_4^+$-N、TN、TP 为 232 mg/L、26.4 mg/L、31.4 mg/L、3.51 mg/L 时采用预缺氧＋倒置 $A^2/O$ 工艺，平均 COD、$NH_4^+$-N、TN、TP 为 200 mg/L、28.2 mg/L、34.9 mg/L、3.19 mg/L 时采用局部低氧倒置 $A^2/O$ 工艺，均能使反应器出水水质稳定达到《城镇污水处理厂污染物排放标准》（GB 18918—2002）一级 B 标准，部分指标达到一级 A 标准。在水力负荷为 0.3～0.35 m/d 条件下，人工湿地系统稳定阶段出水 COD、BOD、TP、$NH_4^+$-N 可以达到《地表水环境质量标准》，TN 浓度可以下降到 7 mg/L 左右。

7．不足之处

人工湿地系统可以将污染物浓度降低到常规生物处理无法达到的水平，但是其处理效率还有待提高，湿地较低的氨氮和总氮的去除效率，限制了更高水力负荷的采用且有需要土地面积大、净化能力受作物生长情况的影响大等缺点；虽交互式反应器调控灵活、适应性强，但低碳高氮磷城市污水的成因与管道渗漏、化粪池的不合理设置、人均排水量的提高以及排水体制有关，会影响调控模式的精确度；需根据季节变换来更换调控模式较麻烦，并且更换时可能会出现水质不达标的情况。

## 四、广州市沥滘污水处理厂

1．工程概况

（1）工程背景

广州沥滘污水处理厂服务范围包括整个海珠区（除洪德分区污水西调至西朗污水处理系统外）、番禺区的大学城小围谷地区、番禺区的洛溪岛和黄埔区的长洲岛等，总服务面积为 124.51 km²，服务人口为 155.37 万人。总规模 $5 \times 10^5$ m³/d，分期建设，其中一期工程设计规模 $2 \times 10^5$ m³/d，已于 2004 年建成并投入使用；二期工程设计规模为 $3 \times 10^5$ m³/d，由于系统有部分合流制管网，故考虑初期雨水处理，初期雨水设计规模 $2.5 \times 10^5$ m³/d，二期工程于 2010 年建成并成功投入运行。处理后的尾水排入珠江后航道，污泥经浓缩脱水后，外运集中处置。

（2）水质水量指标。

①一期工程设计规模及设计进出水水质（表 8-6）。

表 8-6　设计水质

| 项目 | BOD$_5$（mg/L） | COD（mg/L） | SS（mg/L） | NH$_4^+$-N（mg/L） | TP（mg/L） |
| --- | --- | --- | --- | --- | --- |
| 进水 | 140 | 280 | 180 | 25 | 4 |
| 出水 | 30 | 60 | 30 | 15 | 1 |

②二期工程设计规模及设计进出水水质（表 8-7）。

表 8-7　设计水质

| 项目 | BOD$_5$（mg/L） | COD（mg/L） | SS（mg/L） | NH$_4^+$-N（mg/L） | TP（mg/L） | TN（mg/L） | 温度（℃） |
| --- | --- | --- | --- | --- | --- | --- | --- |
| 污水设计进水 | 140 | 280 | 190 | 30 | 4 | 35 | |
| 污水设计出水 | 20 | 60 | 20 | 8 | 1 | 20 | 15～28 |
| 初雨设计进水 | 100 | 180 | 150 | 30 | 3 | 34 | |
| 初雨设计出水 | 50 | 90 | 45 | | 1 | | |

（3）处理要求及指标。

①一期污水工程处理要求。出水水质标准满足《城镇污水处理厂污染物排放标

准》（GB 18918—2002）二级标准和广东省地方标准《水污染物排放限值》（DB 44/26—2001）第二时段二级标准的要求。

②二期污水赴理工程处理要求。处理出水水质满足《城镇污水处理厂污染物排放标准》（GB 18918—2002）一级 B 标准。初期雨水按去除率 BOD₅ 达 50%、COD 达 50%、SS 达 70%、TP 达 70% 来确定出水标准。

③《城镇污水处理厂污染物排放标准》（GB 18918—2002）（表 8-8）。

表 8-8　基本控制项目最高允许排放浓度（日均值）（mg/L）

| 序号 | 基本控制项目 | | 一级标准 | | 二级标准 | 三级标准 |
|---|---|---|---|---|---|---|
| | | | A 标准 | B 标准 | | |
| 1 | 化学需氧量（COD） | | 50 | 60 | 100 | 120[①] |
| 2 | 生化需氧量（BOD₅） | | 10 | 20 | 30 | 60[①] |
| 3 | 悬浮物（SS） | | 10 | 20 | 30 | 50 |
| 4 | 动植物油脂 | | 1 | 3 | 5 | 20 |
| 5 | 石油类 | | 1 | 3 | 5 | 15 |
| 6 | 阴离子表面活性剂 | | 0.5 | 1 | 2 | 5 |
| 7 | 总氮（以 N 计） | | 15 | 20 | — | — |
| 8 | 氨氮（以 N 计） | | 5（8） | 8（15） | 25（30） | — |
| 9 | 总磷（以 P 计） | 2005 年 12 月 31 日前建设的 | 1 | 1.5 | 3 | 5 |
| | | 2006 年 1 月 1 日起建设的 | 0.5 | 1 | 3 | 5 |
| 10 | 色度（稀释倍数） | | 30 | 30 | 40 | 50 |
| 11 | pH 值 | | 6～9 | | | |
| 12 | 粪大肠菌群数（个/L） | | 10⁴ | 10⁴ | 10⁴ | — |

④下列情况下按去除率指标执行：当进水 COD 大于 350 mg/L 时，去除率应大于 60%；当 BOD 大于 160 mg/L 时，去除率应大于 50%。

2．处理工艺

（1）工艺介绍。

①一期工程工艺流程图及介绍（图 8-21）。

图 8-21　污水处理工艺流程

一期工程污水处理流程主要分为污水的物理处理、污水的生物处理、污泥处理和尾气处理四部分。

a. 污水的物理处理主要是由粗格栅、细格栅和旋流沉砂池三部分组成。

格栅：倾斜安装在污水处理厂的前段，用来截留污水中较粗大漂浮物和悬浮物，防止堵塞和缠绕水泵机组、曝气器、管道阀门、处理机构物配水设施等，减少后续处理产生的浮渣，保证污水处理设施的正常运行。

旋流沉砂池：目的是去除污水中泥沙、煤渣等相对密度较大的无机颗粒，以免影响后续处理构筑物的正常运行。旋流沉砂池是利用机械力控制水流流态与流速、加速砂粒的沉淀并使有机物随水流带走的沉砂装置。

原因：原水进水的 SS 较高，旋流沉砂池具有除砂效率高、操作环境好、设备运行可靠、占地省等特点，但对水量的变化有较严格的适用范围，对细格栅的运行效果要求较高。将旋流沉砂池设置在泵和细格栅之后，防止设备及管路的阻塞，保证设备正常运行。

b. 污水的生物处理采用改良 A/O 活性污泥法。目的是生活污水脱氮除磷。

沉砂池出水大部分进入厌氧区中，聚磷菌在厌氧条件下释放磷，同时转化易降解 COD、VFA 为 PHB，部分含氮有机物进行氨化。

少部分的沉砂池出水进入预缺氧区，缺氧区进行脱氮作用，反硝化。预缺氧区的进水为少部分的沉砂池出水，二沉池的回流污泥也进入预缺氧区，回流污泥作为碳源供给反应。作用：有足够的入流 BOD 和缺氧接触时间，有效地还原硝酸盐。

污水在好氧区主要进行的是：进一步降解有机物，氨氮的硝化和磷的吸收。

总体来说，改良 A/O 生化池可消除回流活性污泥对厌氧区的不利影响并提高其脱氮效率，以及减小混 A/O 流带来的稀释作用，增设了回流污泥预缺氧池，使回流污泥先进入缺氧池，因此改良型 A/O 工艺的脱氮靠回流活性污泥来达到，加大污泥回流量可以提高脱氮率。

缺点：污泥回流所需水泵扬程更大、二沉池底排出的固体量大大增加等。

二沉池：用于沉淀分离活性污泥，是生物处理工艺中的一个重要组成部分。二沉池出水使用紫外消毒，保证排水的安全。

c．污泥处理：污泥处理采用机械浓缩脱水一体化工艺。

d．尾气处理：微生物除臭。

②二期工程工艺流程图及介绍（图 8-22）。

二期工程污水处理流程也主要分为污水的物理处理、污水的生物处理、污泥处理和尾气处理四部分。

污水的物理处理包括粗格栅（提升泵房）、细格栅和旋流沉砂池三部分。粗格栅、细格栅和旋流沉砂池的作用与一期工程中的物理处理部分作用一样。

污泥处理采用污泥浓缩池＋一体式离心浓缩脱水工艺。在一期工程运行中得出建议：二期增加重力浓缩池或增设贮泥池，扩大贮泥池的容积。

图 8-22　工期工程工艺流程

由于二期工程用地紧张，所以二期工程在建设时多采用了许多节约占地的措施。沉砂池采用旋流沉砂池，比曝气沉砂池节约占地 50%；生化池水深取 9 m，比通常 6 m 深水池节约占地 50%，同时将生化池除臭装置布置在生化池池顶钢筋混凝土盖上；二沉池采用周进周出矩形沉淀池，比采用周进周出圆形沉淀池节约占地30%；接触池水深取 6 m，消毒间与接触池重叠建设；初期雨水沉淀池采用了高效沉淀池，比传统平流沉淀池节约占地 50%。

二期工程污水处理工艺与一期相比差别如下：

二期工程污水处理工艺采用深水型改良 A₂/O+ 矩形二沉池工艺，该工艺主要集中在污水处理生物处理部分，运行方式灵活、适应水质变化，可根据需要方便地转换成 A/O、倒置 A₂/O 和多点进水 A₂/O 工艺；该部分的工艺主要解决的也是污水的脱氮除磷。厌氧反应区、预缺氧反应区和好氧反应区的作用与其内部进行的反应一样，作用与一期工程相比相似，只是二期工程多了一个缺氧池，同时采用改良的工艺，更加灵活地根据污水处理条件改变，脱氮除磷效果更好。

但是，在进入二次沉淀池时，进入沉淀池的混合液通常需要保持一定的溶解氧浓度，以防止沉淀池中反硝化和污泥厌氧释放磷。

对比一期工程的二沉池，二期工程采用了水力负荷高、处理效率高、占地面积省的周进周出矩形二沉池工艺。

雨水部分：微砂循环高效沉淀池工艺利用微砂作为絮凝剂的内核，使絮凝体的密度增大，提高絮凝沉淀效果。该工艺具有占地省、土建费用低、处理效率高且启动迅速的特点。初期的雨水处理采用高效沉淀池工艺。高效沉淀池由混凝池、投加池、絮凝池和沉淀池四部分组成。将高效沉淀池串联在污水处理流程中，可以使其在雨季时作为初期雨水沉淀池，非雨季时可进部分污水，作为污水处理初沉池（兼水解池），避免了初期雨水沉淀池在非雨季出现空池不运行现象。

消毒工艺为接触消毒池。出水采用二氧化氯消毒。相比一期工程，通过消毒工艺的改变，避免了紫外消毒不彻底的问题。

其余工艺部分与一期工程中相应的工艺部分起的作用相似。

3．工艺设计的主要特点

（1）一期沥滘污水处理工程。

①改良型 A/O 工艺的厌氧池的合理分格，增加混合液回流设施。在实际运行过程中，改良型 A/O 工艺可根据进水水质的变化灵活调整为按改良型 A²/O 工艺运行，以满足较高的脱氮需要。

②与常规工艺相比，此沉砂池后没有初沉池。其原因可能是保证水中的 COD 含量，有助于后面生物处理中的脱氮除磷效果。

（2）二期沥滘污水处理工程。

①二期工程污水处理工艺采用深水型改良 A²/O+ 矩形二沉池工艺，该工艺可通

过水质情况更加灵活地进行污水的脱氮除磷处理，好氧池、厌氧池和缺氧池更深。同时，矩形二沉池工艺处理效率更高，占地更少。

②初期雨水处理部分。初期雨水处理采用高效沉淀池工艺，除了满足雨水期处理要求，非雨季时候充当整个污水处理系统的水解池，有利于污水在生物处理部分更加有效地去除污染物。

**4．主要设备及构筑物**

（1）一期污水工程处理。

①粗格栅及提升泵房。粗格栅与提升泵房合建，土建按 $4×10^5$ m³/d 设计，设备按 $2×10^5$ m³/d 安装。粗格栅井与泵坑均分为 2 格。

设备：粗格栅井设 2 台钢绳牵引式格栅除污机，栅宽为 2.0 m，栅隙宽为 20 mm，安装角度为 75°，泵坑内设潜水泵 5 台（4 用 1 备），单泵 $Q$=2083 m³/h，$H$=162 kPa，$N$=150 kW。

②细格栅及沉砂池。细格栅渠与沉砂池合建，设计规模为 $2×10^5$ m³/d。细格栅渠设 4 台回转式细格栅，栅宽为 2.00 m，栅隙宽为 6 mm，安装角度为 60°，栅前水深为 1.55 m，过栅流速为 0.7 m/s。

沉砂池采用 360° 比氏沉砂池 2 座，每座直径为 6.1 m，池深为 3.67 m，砂斗直径为 1.82 m，砂斗深度为 2.44 m。

③改良型 A/O 生化池。生化池有 2 座，分两格，每格内设预缺氧区、厌氧区和好氧区。单格平面尺寸为 81.55 m×63.4 m，水深为 6.5 m。

设计参数：污泥浓度为 3.5 g/L，污泥负荷为 0.12 ～ 0.14 kg BOD$_5$/（kg MLSS·d），泥龄为 8 ～ 12 d，剩余泥量为 24 t/d，水力停留时间为 7.7 h，其中预缺氧池为 2 h，厌氧池为 1 h，好氧区为 4.70 h。

④二沉池。4 座周进周出圆形沉淀池，每座直径为 50 m，周边水深为 4.40 m。

设计参数：表面负荷为 1.10 m³/（m²·h），回流污泥浓度为 8.2 g/L，固体通量为 6.5 kg SS/（m²·h），沉淀时间为 2.0 h。

⑤紫外消毒池。1 座，土建按 $4×10^5$ m³/d 设计，设备按 $2×10^5$ m³/d 安装。采用渠道结构形式，分 2 条渠道，尺寸为 10.0 m×2.7 m×1.6 m。

设备：低压高强度紫外灯，共安装紫外灯 416 支，每支 250W。

⑥鼓风机房。土建按 $4×10^5$ m³/d 设计，设备按 $2×10^5$ m³/d 安装。

设备：3 台离心鼓风机，单台风量为 312.5 m³/min，风压为 80 kPa。

⑦贮泥池。贮泥池 1 座，分 2 格，钢混结构，土建尺寸为 5.5 m×10.3 m×3.5 m。

设备：2 台搅拌器，单机功率为 4.0 kW。

⑧污泥浓缩脱水间。土建按 $4\times10^5$ m³/d 设计，设备按 $2\times10^5$ m³/d 安装，平面尺寸为 32.5 m×42.00 m。

设备：4 台一体化离心浓缩脱水机，单机 Q=72 m³/h，主机功率为 110 kW，辅助电机功率为 18.5 kW。

⑨脱水污泥贮存及输送系统。2 个料仓，单个料仓的有效容积为 120 m³。

设备：长距离污泥活塞式输送泵，单台泵 $Q\geqslant40$ m³/h，输送距离为 250 m。

（2）沥滘二期工程。

①粗格栅与提升泵房。二期粗格栅与提升泵房利用一期已建土建设施。

设备：粗格栅井增加 2 台钢丝绳牵引粗格栅，B=2.5 m，b=20 mm。

增设潜水泵 5 台，其中包括 4 台大泵、1 台小泵。大泵性能参数：Q=1 505 L/s，H=17.5 m，旱期时 3 用 1 备，雨期时 4 台全开。小泵性能参数：Q=579 L/s，H=16.2 m，1 台，雨期时开启。

②细格栅渠与沉砂池。细格栅渠尺寸为 $B\times L\times H$=20.65 m×15.6 m×2.39 m，共 4 条栅渠。采用转鼓细格栅 4 台，直径 2 600 mm，栅条间隙 5 mm。沉砂池采用比氏旋流沉砂池，直径 6.1 m，共 4 座。每座池内设有 1 台轴向搅拌器，设 1 台抽砂泵，Q=30 L/s，H=12 m。

③深水型改良 A²/O 生化池。2 座，改良型 A²/O 生化池，每座内分预缺氧区、厌氧区、缺氧区和好氧区。单座平面尺寸为 $B\times L\times H$=82.8 m×75.12 m×10.25 m，钢筋混凝土结构。其中预缺氧区、厌氧区、缺氧区水深取 9.1 m，好氧区水深取 9 m。

④矩形二沉池。2 座，周边进水周边出水横向流矩形二沉池，单座平面尺寸 $B\times L$=114.25 m×62.4 m，水深 4 m。每座池分 10 格，每格长 62.4 m，有效沉淀区长 56 m，每格宽 11 m。每格配非金属链式刮泥机 1 台，有效宽度 8.1 m，移动速度 0.2～0.6 m/min。

⑤消毒接触池和消毒间。接触池 1 座，停留时间 30 min，平面尺寸 55.6 m×27.4 m，有效水深 6 m。

设备：复合二氧化氯发生器 10 台，8 用 2 备，单台 Q=20 kg/h，N=4 kW。

⑥高效沉淀池。高效沉淀池 1 座，平面尺寸 335 m×20.4 m，水深 6 m。

⑦污泥浓缩池。2 座，单池土建尺寸 $\varphi\times H$=25 m×4.5 m，有效水深 4 m。采用周边传动刮泥机刮泥。

8）污泥浓缩脱水间。污泥浓缩脱水间土建在一期工程时已经建成，二期工程只在预留位置安装设备：离心脱水机 3 台，Q=45 m³/h。

5．处理效果与评价

（1）沥滘一期工程的处理效果良好，运行稳定。污水处理厂对水质、水量冲击负荷具有较好的承受能力。污水处理厂的处理能力达到设计要求。

（2）沥滘一期工程处理效果达到设计要求。

（3）沥滘一期工程运行与管理。

①沥滘一期设计安装 3 台离心鼓风机（2 用 1 备），单台风量为 312.5 m³/min，风压为 80 kPa，气水比为 4.5∶1。目前运行中开 2 台鼓风机，通过就地控制柜调节进口导叶和出口扩压导叶的调节器，使风机供气量约为 60%～70%，实际运行气水比约为 3∶1，可大大减少生物处理系统的耗电量，降低运行成本。

②改良型 A/O 工艺的厌氧池。

措施：增加混合液回流设施。在实际运行过程中，改良型 A/O 工艺可根据进水水质的变化灵活调整为按改良型 A²/O 工艺运行。

③脱水污泥输送方式的选择。在最外侧一台脱水机的下方安装了螺杆泵，此台离心机的脱水污泥利用螺杆泵直接送至污泥料仓，增加了脱水污泥输送的方式和途径，为脱水污泥的输送提供了更有效的保障。

（4）沥滘二期工程。污水部分：污水处理厂二期工程投产运行正常，污水进水水质与设计水质较接近，出水水质优于设计水质，完全达到《城镇污水处理厂污染物排放标准》（GB 18918—2002）一级 B 标准。绝大部分指标还达到了一级 A 标准要求。

雨水部分：雨期 4—10 月雨天初期雨水沉淀池进水水质接近设计水质，出水水质和去除率完全达到设计要求。

（5）沥滘二期工程处理效果达到设计要求。

（6）沥滘二期工程运行与管理。

①生化池池内曝气布气管管材的选择。本工程生化池池内布气管采用了 304 不锈钢管材，代替通常使用的 PVC-U 或 ABS 管材，大水深且加了盖的生化池在运行过程中不容易出现布气管损坏及维修的问题。

②本工程在二沉池每格进水渠前端加装检修闸门和在每格进水渠后端增设排渣堰门和冲洗水管，解决维修时带来的整个二沉池不能运作及二沉池进水渠末端浮渣等问题。

③水池放空管管端不宜装设闸板。本工程在生化池放空管起管端部装设了闸板。运行发现，由于池底积砂，导致闸板开启后第二次关闭不严，放空管长期漏水，后来在放空管上加装了阀门才解决漏水问题。

④盐酸池应该放在室外。

6．总结

（1）沥滘污水处理厂一期工程。

①不足之处：沥滘污水处理厂一期工程采用紫外线消毒技术，消毒效果不稳定，存在细菌复活现象。原因：污水的 SS 对细菌有屏蔽作用，影响了消毒效果。其次，二沉池的出水到消毒池，其透光率低。

为了强化除磷，贮泥池的停留时间仅为 0.5 h，实际运行中贮泥池停留时间太短，容积过小，不利于污泥脱水。

②总结评价：沥滘污水处理厂一期采用改良 A/O 活性污泥法，污泥采用了机械浓缩脱水一体化和微生物除臭工艺解决了污水、污泥和臭气治理。

污水处理部分：传统的 A/O 工艺存在脱氮效果受内循环比影响，污水中可能存在诺氏菌的问题，硝化反应发生时除磷效果会降低，工艺灵活性差，硝化过程受温度、溶解氧、碱度和 pH 值、碳氮比、有毒物质等因素影响。

A/O 工艺存在不完全脱氮的缺点，改良 A/O 生化池主要针对 A/O 及 A²/O 法的缺点进行改进，即消除回流活性污泥对厌氧区的不利影响并提高其脱氮效率，以及减小混合液回流带来的稀释作用，增设了回流污泥预缺氧池，使回流污泥先进入缺氧池，因此，改良型 A/O 工艺的脱氮靠回流活性污泥来达到，加大污泥回流量虽然可以提高脱氮率，但是也会带来污泥回流所需水泵扬程更大、二沉池底排出的固体量大大增加等一些负面影响。

（2）沥滘污水处理厂二期工程。

①不足之处：污水厂在运行和管理阶段出现布气管，二沉池的浮渣清理问题以及由于改良 A²/O 工艺，根据水质条件不同，进行工艺转变时，是否会对出水水质造成影响并未作出解释。同时，由于该工程节省用地，池子深度加深，对承重和地质要求较高。而且水体保持溶解氧浓度，必须要用曝气，出现底部水体的溶解氧传递问题和用电量增加问题。

②总结评价：二期工程污水处理工艺采用深水型改良 A²/O+ 矩形二沉池工艺，改良 A²/O 根据需要可方便转换成 A/O、倒置 A²/O 和多点进水 A²/O；传统 A²/O 工艺：污水和来自二沉池的回流污泥在厌氧池混合，厌氧池内聚磷菌释放磷，反硝化发生在缺氧池，硝化反应、有机物的去除和聚磷菌吸磷过程发生在好氧池。好氧池中的混合液回流至缺氧池，二沉池中的污泥回流至厌氧池来摆正系统中的污泥浓度。其不足在于：回流污泥含有硝酸盐进入厌氧区，对除磷效果有影响；脱氮受内回流比影响；聚磷菌和反硝化菌都需要易降解有机物。该工艺满足同时脱氮除磷的要求，

根据出水水质，COD、BOD、TN 和 TP 的去除效果好，说明了该工艺充分地利用了污水中的碳源、氮源和磷源用于活性污泥的生长，运行效果好，水质有保证。

初期雨水处理部分。初期雨水处理采用高效沉淀池工艺，初期雨水处理工程的设计采用处理效率确定初期雨水出水水质，采用 85% 的水质保证率预测进水水质，其参照国外类似工程按处理效率确定初期雨水出水水质。高效沉淀池除了满足雨水期处理要求，非雨季时候充当整个污水处理系统的水解池，有利于污水在生物处理部分更加有效地去除污染物。

## 五、北京市北小河再生水厂

### 1. 工程概况

北小河再生水厂是在原北小河污水处理厂基础上改扩建而成的，北小河污水处理厂于 1988 年 9 月开工建设，1990 年 8 月正式投产运行，位于北京市区北部的北小河北岸，东临黄草湾村，西靠辛店村，北接辛店村路，占地面积 60 666.7 m²，总流域面积 109.3 km²。采用传统活性污泥法，已建成的北小河污水处理厂规模为 $4 \times 10^4$ m³/d。为了提升污水处理水量与水质，2006 年 7 月对原北小河污水处理厂改建并新建再生水厂，工程规模 $10 \times 10^4$ m³/d。分为两部分：将原 $4 \times 10^4$ m³/d 缺氧 – 好氧（A/O）工艺改为厌氧 – 缺氧 – 好氧（AAO）工艺，出水达到《城镇污水处理厂污染物排放标准》（GB 18918—2002）一级 B 标准排入北小河；新建 $6 \times 10^4$ m³/d 膜生物反应器（MBR）处理设施，出水达到《城市污水再生利用 城市杂用水水质》（GB/T 18920—2020）中"车辆冲洗"水质标准，其中，$5 \times 10^4$ m³/d 出水经紫外线消毒作为市政杂用、工业用水等，$1 \times 10^4$ m³/d 的出水再经过 RO 深度处理后作为高品质再生水，直接供给奥运公园水体补水及场馆杂用水。

### 2. 水质水量与指标

两个系统总进水量为 $1 \times 10^5$ m³/d。2009 年北小河污水处理厂全年的进水水质情况见表 8-9。

表 8-9　北小河污水处理厂 2009 年的进水水质（mg/L）

| 项目 | 范围 | 均值 |
| --- | --- | --- |
| COD | 200 ～ 1200 | 560 |
| BOD$_5$ | 100 ～ 570 | 260 |
| SS | 100 ～ 700 | 310 |
| TN | 40 ～ 110 | 65 |
| TP | 4.36 ～ 18.4 | 8.0 |

续表

| 项目 | 范围 | 均值 |
| --- | --- | --- |
| PO43-P | 2.67～8.54 | 4.8 |

3. 处理要求与排放指标

工程于 2008 年 4 月试运行，7 月正式运行，水厂运行稳定，出水水质优良，出水满足《城市污水再生利用 城市杂用水水质》（GB/T 18920—2002）中"车辆冲洗"水质标准。2009 年 MBR 处理系统的出水水质见表 8-10。

表 8-10 MBR 的出水水质

| 项目 | 范围 | 均值 |
| --- | --- | --- |
| COD（mg/L） | 10～63 | 20 |
| BOD$_5$（mg/L） | 2.0～8.0 | 2.3 |
| SS（mg/L） | ＜5.0～8.0 | ＜5.0 |
| TN（mg/L） | 4～44 | 13.3 |
| NH$_4^+$-N（mg/L） | 0.05～19.5 | 0.8 |
| TP（mg/L） | 0.01～2.25 | 0.3 |
| 浊度（NTU） | 0.2～7.8 | 1.3 |
| 溶解性固体（mg/L） | 302～770 | 483 |
| 阴离子表面活性剂（mg/L） | 0.05～0.07 | 0.06 |
| 总大肠菌群（个/L） | 0～86 | 25 |
| 色度（倍） | 0～45 | 12 |

4. 工艺介绍

再生水厂工艺流程如图 8-23 所示。

图 8-23 再生水厂工艺流程图

其中 MBR 的主要的工艺流程如图 8-24 所示。

图 8-24　MBR 工艺流程

1—细格栅（8 mm）；2—进水泵房；3—细格栅（1 mm）；4—厌氧池；5—缺氧池；

6—好氧池；7—膜池；8—UV 消毒渠；9—清水池；10—配水泵房

　　原水先经过 8 mm 的细格栅后，由进水提升泵提升到曝气沉砂池，其出水经 1 mm 的细格栅过滤后进入 MBR 生物反应池，生物反应池采用 UCT 工艺，有机物、氮、磷等污染物在生物池中被去除，同时在系统中设有化学除磷设施，辅助生物除磷；循环泵将生物池内的混合液提升至膜池进行固液分离，膜过滤出水经消毒后配送到再生水管网。MBR 处理系统的设计参数：MBR 反应池共 4 个，依次为厌氧池、缺氧池、好氧池和膜池，厌氧池、缺氧池和好氧池的 HRT 分别为 1.65、5.35 和 7 h；COD、TN、TP 和 SS 负荷设计值分别为 33 000、3 900、600、20 400 kg/d，SRT 的设计值为 16.6 d；超滤膜采用中空纤维膜，直径为 0.04 m，最大膜通量为 16.8 L/（m²·h），设计膜通量为 13.7 L/（m²·h）；比曝气能耗为 0.27 m³/（m²·h）。详细如图 8-25 所示。

图 8-25　工艺流程

5．设备设计

（1）MBR 生物池。生物反应池为 UCT 工艺，由厌氧段、缺氧段、好氧段和变化区组成，共分 4 个系列，每座池子均可独立运行，每座池分 3 个廊道，每个廊道宽 6.5 m，池长 75 m，池中水深 5.5 m，厌氧段和缺氧段均加盖以减少异味散发，并设置气体收集和输送管路，利用生物除臭池对气体进行处理，变化区内同时安装潜水推进器和曝气头，可以根据进水水质、处理效果、季节变化以及出水水质需求，转换为缺氧区或好氧区，各段的具体参数见表 8-11。

表 8-11　MBR 生物池主要参数

| 指标 | 体积（m³） | MLSS（mg/L） | 水力停留时间（d） |
|---|---|---|---|
| 厌氧 | 4125 | 3650～4200 | 1.65 |
| 缺氧 | 13375 | 6700～7700 | 5.35 |
| 好氧 | 17500 | 8000～9200 | 7 |

为了实现脱氮除磷功能，生物处理单元为 UCT 工艺，设计污泥龄为 16.6 d，缺氧段至厌氧段的回流比为 100%～120%，好氧段至缺氧段内回流比为 450%～700%（变频调节），设内回流泵 4 台，外回流泵 4 台，剩余污泥泵 5 台。MBR 膜生物反应池标准供气量为 37600 m³/h，采用单级高速离心鼓风机 3 台，2 用 1 备，MBR 池污泥负荷（以单位 MLSS 所需 $BOD_5$ 计）0.067 kg/（kg·d）。

（2）膜系统。膜池位于 MBR 生物池北侧，中间是膜池的配水渠道和混合液回流渠道，生物池内的混合液用泵提升到膜池配水渠道内，并通过配水管进入膜池内，膜池共 8 座，膜池长 16 m，宽 8 m，水深 3.5 m，每个膜池设计安装 38 个膜组件，预留 4 个膜组件位置，每个膜组件内装 16 个 Memcor 的 B30R 膜元件，每个膜池安装 608 个膜元件，单个元件的膜面积为 37.6 m²，采用 PVDF（聚偏氟乙烯）材质的中空纤维膜，膜的详细参数见表 8-12。

表 8-12　北小河厂膜系统设计参数

| 参数 | 数值 |
|---|---|
| MBR 超滤膜公称直径 | 0.04 μm |
| 最大膜通量 | 16.8 L/（m²·h） |
| 设计膜通量 | 13.7 L/（m²·h） |

膜出水泵共设 9 台，泵的功率为 8.6 kW，每台泵最大出水流量为 442 m³/h，扬程为 10 m，膜系统配套的擦洗鼓风机 4 用 1 备，单台风量为 $Q$=228 m³/min，风压 35 kPa。

6．工程运行与管理

在 MBR 运行过程中，混合液中的微生物、胶体、EPS（胞外聚合物）、SMP（微生物代谢产物）等物质不断在膜表面及孔隙中沉积，造成膜的可逆（可通过物理清洗去除）或不可逆污染（可通过化学清洗去除），需要物理或化学清洗恢复膜稳定的过滤性能。本系统主要通过膜松弛、膜维护性清洗、膜化学清洗等措施控制运行过程中的膜污染。

（1）膜松弛。物理清洗包括膜松弛与反冲洗，膜松弛为膜停止过滤，将跨膜压差降低到零，同时采用空气不断冲刷膜表面，污染物气体冲刷及浓度梯度作用下反向离开膜表面。膜系统采用出水 12 min、停 1 min 的运行方式，系统设计了备用的反冲洗程序，可根据实际工况进行反冲洗。

（2）膜维护性清洗。维护性清洗持续时间较短，采用较低的化学药剂浓度、清洗频率较高。为了去除"不可逆"污染，采用次氯酸进行反冲洗，用来抑制生物生长和膜表面与下游过滤管道的污垢。整个周期持续大约 30 min，采用质量分数 $500×10^{-6}$ 次氯酸钠溶液。在维护性清洗时，开启膜曝气，关闭膜混合液入流。在膜维护性清洗中，膜保持全浸没于混合液中。

（3）就地清洗（CIP）。就地清洗持续时间比维护性清洗长、采用化学药品浓度较高，清洗频率较低。每运行 3 个月进行一次 CIP 氯洗，采用质量分数 $1500×10^{-6}$ 次氯酸钠溶液清洗，每 6 个月执行一次双药洗（即酸洗之后再氯洗）。酸性 CIP 时使用柠檬酸。CIP 通过 TMP 或时间的设置点进行启动。一个膜单元进行清洗，其他的膜单元继续运行。CIP 清洗通常持续 2～3 h，中和系统用于处理中和池中的 CIP 清洗废液及漂洗水，氯洗 CIP 溶液被亚硫酸氢钠中和。酸性 CIP 溶液利用氢氧化钠中和，调节 pH 值在 6.0 到 9.0 之间。

7．处理效率及总结

（1）IVIBR 对有机物的去除效果。北小河 MBR 再生水厂 2008 年 4 月通水进行试运行，7 月开始正式运行。图 8-26 和图 8-27 给出了 2008 年 4 月至 2009 年 11 月 MBR 对 $BOD_5$、$COD_{cr}$ 的去除效果。系统对 $BOD_5$、$COD_{cr}$ 的去除处取得了满意的效果，进水 $BOD_5$ 月平均值范围为 167～368 mg/L，出水月平均值范围为 2～6.9 mg/L，MBR 系统对 $BOD_5$ 去除率超过 96.2%。进水 $COD_{cr}$ 月平均值在 214～715 mg/L 之间变化，出水 $COD_{cr}$ 月平均值为 5～31 mg/L，$COD_{cr}$ 去除率为 94.4%～98.4%。2008 年 11 月至 2009 年 5 月进水 $BOD_5$、$COD_{cr}$ 较高，处于冬季气温低，不利于微生物的生长，但出水 $BOD_5$ 仍低于 5 mg/L，出水 $COD_{cr}$ 低于 30 mg/L，显示了 MBR 对有机物很好的去除效果。

图 8-26　MBR 进出水 BOD$_5$ 及其　　　图 8-27　MBR 进出水 COD$_{cr}$ 及其
　　去除率随运行时间的变化　　　　　　　　去除率随运行时间的变化

（2）MBR 对 SS 的去除效果。MBR 通过膜的截留作用，达到对悬浮物的去除作用。图 8-28 给出了 2008 年 4 月至 2009 年 11 月 MBR 对 SS 的去除效果。进水 SS（悬浮固体）月平均值在 218～497 mg/L 变化，从 2008 年 7 月正式运行后，出水 SS 一直低于 5 mg/L，SS 的去除率一直维持在 98% 以上，膜系统对水中悬浮固体有良好的截留效果。

图 8-28　MBR 进出水 SS 浓度及其去除率随运行时间的变化

（3）MBR 对氮、磷的去除效果。MBR 对 TN（总氮）、TP（总磷）的去除效果如图 8-29、图 8-30 所示。污水处理厂进水 TN 的月平均值为 47.5～87.2 mg/L，出水 TN 月平均值大部分时间低于 15 mg/L，2009 年 1—3 月 TN 进水浓度高，处于冬季水温较低，最低水温为 12.8℃。温度会影响硝化反应速率，当温度小于 15℃时硝化速度明显下降，硝化细菌的活性也大幅度降低；温度低于 5℃时，硝化细菌的生命活动几乎停止。目前采用的常规生物脱氮处理法中，一般要求水温在 13℃以上，但当水温低于 10℃，常规脱氮处理基本上就丧失效果。冬季（11 月至次年 3 月）出水 TN 浓度为 15.2～24.5 mg/L，其他月份出水 TN 浓度低于 12.0 mg/L，但冬季出水 NH$_4^+$-N 月均值均低于 1.5 mg/L（夏季低于 1.0 mg/L），硝化基本完全，可见 TN 的升高主要是由于反硝化效果较差造成的。MBR 对有机物及 NH$_4^+$-N 冬季低温环境下仍有较好的去除效果，可能是由于 MBR 系统中污泥浓度较高，对温度具有较强的抗冲击能力。TN 去除率的影响因素主要包括进水中的有机物含量、内回流比、由好氧区回流到缺氧区的溶解氧（DO）浓度及水温等。冬季水温低、进水 TN 浓度高，TN 去除率较低可能是上述因素综合作用的结果。污水再生水厂进水中 TP 的月平均值为 4.6 ～ 9.4 mg/L，出水为 0.1 ～ 0.7 mg/L，去除率达 86.5% 以上。MBR 工艺采用生物除磷辅助化学除磷，采用聚氯化铝（PAC）作为化学除磷药剂。

图 8-29　MBR 进出水 TN 浓度及其　　　　　图 8-30　MBR 进出水 TP 浓度及其
去除率随运行时间的变化　　　　　　　　去除率随运行时间的变化

北小河污水处理厂是目前国内最大的 MBR 再生水厂，每年可生产 1800 万 m³ 再生水及 360 万 m³ 高品质再生水，出水直接达到回用标准，出水水质优异，回用于景观水体补充水源、绿化等用途，节约清洁水资源，取得了很好的社会效益。

8．不足之处

（1）纤维毛发物质对膜丝的缠绕问题。北小河 MBR 工艺预处理系统中设有 1 mm 的转鼓式细格栅，目的是去除污水中的颗粒物与纤维毛发物质。但在运行中发现仍有大量纤维物质缠绕在膜丝表面，导致膜丝出现"抱团"现象，不能由曝气作用产生有效的抖动，加剧膜污染。

（2）生物池污泥浓度不均衡问题。在 MBR 工艺中，活性污泥由生物池进入膜池有两种过流方式：泵提升和重力流。北小河 MBR 工艺采用泵提升的方式，膜池内混合液通过回流扳闸回流到生物池，由于每组膜池产水量有差异，且需要定期的松懈和清洗，导致各生物池回流污泥量不同，需频繁调整回流扳闸开度，但各生物池内污泥浓度仍不均衡。

（3）膜清洗药剂消耗问题。针对膜清洗原位进行的 MBR 工艺，清洗药剂是否能有效作用到膜丝上是一个值得注意的问题，清洗过程中应避免其他因素导致药品消耗。

## ■ 六、南阳市生活污水处理厂

### 1．工程概况

南阳市污水处理厂服务于白河以北中心城区，设计日处理能力 100000 m³，进水水质设计值为：$COD_{cr}$ 360 mg/L，$BOD_5$ 170 mg/L，SS（悬浮物）80 mg/L。由于南阳市污水处理厂，进水中，工业废水比重超过 50%，造成实际进水水质偏高：$COD_{Cr}$ 750 mg/L，$BOD_5$ 350 mg/L，SS（悬浮物）280 mg/L，严重超过设计值。由于实际进水水质的改变，原有活性污泥处理系统的污泥负荷增大了一倍，由设计的 0.234 增至 0.47。原有的鼓风设备仅能勉强维持运行。为了尽可能地降低污泥负荷，我们对传统活性污泥工艺进行了改性，主要是在生物池前置缺氧区。改性后，进入曝气池的 $COD_{Cr}$ 总量减少 15% ～ 20%，污泥负荷降低至 0.3，大大缓解了鼓风量不足的困难。

### 2．水质水量指标

进水水质设计值为：$COD_{Cr}$ 360 mg/L，$BOD_5$ 170 mg/L，SS（悬浮物）80 mg/L，由于南阳市污水处理厂进水中，工业废水比重超过 50%，造成实际进水水质偏高：$COD_{Cr}$ 750 mg/L，$BOD_5$ 350 mg/L，SS（悬浮物）280 mg/L，严重超过设计值。

### 3．处理要求及指标

出水能够达到国家《污水综合排放标准》（GB 8978—1996）二级标准（表 8-13）。

表 8-13　《污水综合排放标准》二级标准

| 序号 | 污染物 | 适用范围 | 一级标准 | 二级标准 | 三级标准 |
|---|---|---|---|---|---|
| 1 | 化学需氧量（$COD_{Cr}$） | 城镇二级污水处理广 | 60 | 120 | — |
| 2 | 悬浮物（SS） | 边远地区砂金选矿 | 100 | 800 | — |
| | | 城镇二级污水处理厂 | 20 | 30 | — |
| | | 其他排污单位 | 70 | 200 | 400 |
| | | 甘蔗制糖、苎麻脱胶、湿法纤维板工业 | 30 | 100 | 600 |
| 3 | 五日生化需氧量（$BOD_5$） | 甜菜制糖、酒精、味精、皮革、化纤浆粕工业 | 30 | 150 | 600 |
| | | 城镇二级污水处理厂 | 20 | 30 | — |
| | | 其他排污单位 | 30 | 60 | 300 |

### 4．工艺介绍

工艺流程如图 8-31 所示。

图 8-31　工艺流程

具体来说，即污水经过粗格栅，水中的固体废物和一些大的悬浮固体被拦截去除，然后经进水泵房到达细格栅，进一步拦截粗格栅未能去除的较小漂浮物，以免堵塞后续单元的设备和工艺渠道。后经曝气沉砂池，由于曝气作用，废水中有机颗粒经常处于悬浮状态，砂粒互相摩擦并承受曝气的剪切力，砂粒上附着的有机污染物能够去除，有利于取得较为纯净的砂粒。在旋流的离心力作用下，这些密度较大的砂粒被甩向外部沉入集砂槽，而密度较小的有机物随水流向前流动被带到下一处理单元，同时脱臭，改善水质，预曝气。然后到达初次沉淀池，除去废水中的可沉物和漂浮物。经生物处理池，去除废水中的有机物，在好氧段让活性污泥进行有氧呼吸，进一步把有机物分解成无机物。从生物处理池流出的混合液在二次沉淀池中进行泥水分离和污泥浓缩，澄清后的出水溢流外排至白河，浓缩的活性污泥流至回流污泥泵房，剩余污泥一部分流至污泥泵房，另一部分回流污泥回流至生物处理池厌氧段再次处理。然后经污泥浓缩池、浓缩污泥储泥池、污泥脱水间得到干泥外运。

5. 设备设计

（1）格栅和进水泵房。进水泵房采用潜水污水泵，湿式安装，作用是提高水头。泵房内 4 台泵位，一期安装 4 台，二大二小，飞力水泵产的 GP3400/765-53-830、GP3306/665-53-610；泵前后分别设粗格栅、细格栅，拦截大块悬浮物。栅间距分别为 40 mm、6 mm。二者均采用液位差和时间联合自动开启除渣。

（2）曝气沉砂池。设移动桥式吸砂机一座，采用时间控制，间歇运行，除去污水中的砂砾。沉砂池出水渠道上设巴氏计量槽，对污水进行计量。

（3）初次沉淀池。去除悬浮物中可沉固体物质，共二座，单池直径 40 m，中心进水，周边出水。设半臂刮泥机一套 / 座，间隔 1 h 自动启动。排泥管道内设浓度计、流量计、电控阀门。池底的沉泥达到浓度设定值，电动阀门自动打开，浓度降低至设定值后，电控阀门自动关闭。

（4）改性活性污泥生物处理池。共计2座，中间设回流渠道使之成为一个整体。生物处理池由廊道组成，分缺氧区和好氧区，缺氧区安装4台（单池）潜水推进器，直径370 mm，作用是混合推流，好氧区池底安装微孔盘式曝气器，污泥浓度控制在3000～5000 mg/L。

（5）二沉池。将生物处理池的出水混合液泥水分离。四座辐流式沉淀池，中心进水，周边出水，单池直径45 m。安装刮吸泥机四套，虹吸排泥。

（6）鼓风机房。主要向曝气沉砂池和生物处理池供气，内设4台丹麦HST变频风机。鼓风机的运行是自动调节，首先通过生物处理池内6台溶解氧仪（控制溶解氧1.0～2.0 mg/L）发出信号，自动调节供气管上的调节阀，根据压力的变化，自动调节鼓风机的开启台数以及单台的鼓风量。

（7）回流污泥泵房。内设4台回流污泥潜水泵，3用1备，1台为变频调速；2台剩余污泥泵，单台流量70 m³。剩余污泥连续排放。回流量以巴氏计量槽计量，在生物处理池设污泥浓度计，根据进水量调节回流比0.8～1.2，使生物处理池污泥浓度合理恰当。

（8）污泥处理。设重力浓缩池二座，直径14 m，圆形贮泥池一座，直径6 m。污泥脱水间一座，内置污泥给料泵二台，阿法拉法Avnx脱水机2台，并预留一台机位。单机出泥量4 t/h，配自动投药装置（PAM）一套以及输送脱水污泥的无轴螺旋输送器一套。污泥脱水系统采用自动控制运行，初沉污泥和剩余污泥排入浓缩池后，按浓缩池内的污泥界面计算设置值，自动排入贮泥池，当贮泥池液面超过设置值时，电控阀门自动关闭。

（9）风机噪声治理。选用低噪声的磁悬浮轴承鼓风机，同时为风机配备减振台座、进出口消声器等减噪设备；为风机房配备隔声门、消声墙双层窗等降噪设备，并防止噪声外泄。

（10）主要构筑物的设计参数（表8-14）。

表8-14 主要构筑物的设计参数

| 构筑物 | 数量（座） | 项目 | 参数 |
|---|---|---|---|
| 曝气沉砂池 | 1 | 水平流速 | 0.07～0.10 ms |
|  |  | 停留时间 | 2.5～3.30 min |
|  |  | 曝气量 | 0.1～0.15 m³气/m³污水 |
| 初次沉淀池 | 2 | 停留时间 | 1.6～2.10 h |
|  |  | 有效水深 | 3.50 m |
|  |  | 有效容积 | 5024 m³ |

续表

| 构筑物 | 数量（座） | 项目 | 参数 |
|---|---|---|---|
| 生物处理池 | 2 | 有效容积<br>有效水深<br>停留时间 | 25460 m³<br>6.0 m<br>6.11 h |
| 二次沉淀池 | 4 | 有效容积<br>有效水深<br>停留时间 | 6356 m³<br>4.50 m<br>2.5 h |
| 浓缩池 | 2 | 有效容积<br>停留时间 | 692 m³<br>11 h |
| 贮泥池 | 1 | 有效容积 | 110 m³ |

6．工艺特点及作用

（1）采用改性传统活性污泥工艺处理浓度偏高的城市污水，在传统活性污泥法生物处理池前置缺氧区。

（2）有机物在缺氧区微生物作用下，使其结构改变，提高了污水的可生化性，增强了对难降解有机物的去除效果和对水质变化的适应能力，尤其是对工业污水比重较大和生物降解性差的城市污水有较大的优越性。

（3）可有效抑制丝状菌的过度膨胀，防止好氧段污泥的膨胀。

（4）可以改善活性污泥的沉降性能，提高二次沉淀池的泥水分离效果，也有利于污泥的处理与处置。

（5）整个系统采用分散检测和控制，集中显示和管理。可实时监测厂内主要设备的工作状态，自动调节设备的运行状态，显示重要参数的各种曲线图，显示和打印任何时间的实时监测数据。

7．运行与管理介绍

（1）污水处理厂布置说明。平面布置主要将生产构筑物和辅助生产构筑物分别集中布置，并用绿化和道路分隔，以避免相互影响，保证工作人员的工作环境，生产区的污水和污泥处理设施也分别集中布置，尤其是将环境条件差的设施远离综合楼等辅助设施，为了降耗，污水靠重力自流流经各处理工艺单元。

（2）运行监测数据。监测数据见表 8-15。

表 8-15　运行监测数据

| 时间 | $COD_{Cr}$（mg/L） | | $BOD_5$（mg/L） | | SS（mg/L） | |
|---|---|---|---|---|---|---|
| | 进水 | 出水 | 进水 | 出水 | 279 | 出水 |
| 2003.1 | 604 | 53 | 430 | 21 | 323 | 27 |

续表

| 时间 | COD$_{Cr}$（mg/L） | | BOD$_5$（mg/L） | | SS（mg/L） | |
|---|---|---|---|---|---|---|
| | 进水 | 出水 | 进水 | 出水 | 279 | 出水 |
| 2003.2 | 714 | 64 | 444 | 18 | 382 | 19 |
| 2003.5 | 724 | 63 | 411 | 19 | 301 | 13 |
| 2003.6 | 649 | 44 | 400 | 23 | 279 | 12 |
| 2003.7 | 566 | 51 | 290 | 18 | 263 | 17 |
| 2003.8 | 671 | 53 | 481 | 12 | 188 | 12 |
| 2003.9 | 439 | 49 | 360 | 19 | SS（mg/L） | 8 |
| 二级排放标准 | 100 | | 30 | | 30 | |

由表 8-15 可知，出水各项性能指标均达到国家《污水综合排放标准》二级标准。

8．处理效果及总结评价

（1）环境效益。减少 BOD$_5$ 排放量约 54416 t/d，减少 COD$_{Cr}$，排放量约 34080 t/d，减少 SS 排放量约 26664 t/d。

（2）技术经济指标。实测的月平均单位污水处理电耗为 0.285 kW·h/(m$^3$·d)，单位处理成本 0.172 元 /m$^3$。与设计标准相比，单位处理成本减少近三分之一。

（3）结论。监测数据结果表明：改性传统活性污泥工艺先进可靠，是处理城市生活污水，尤其是进厂污水水质性能指标较设计标准高出一倍以上或有较大变化的污水处理厂理想的选择。

9．不足之处

虽然活性污泥法有所改进，但依然有一些不足之处，比如污水中要含有足够的可溶性、易分解的有机物：污泥混合液中要有足够的溶解氧；要保证活性污泥连续回流，排除剩余污泥，否则出水的 TP 会很高，加大了工作量；要考虑到活性污泥处理系统过程中的影响因素（如溶解氧、水温、营养物质、pH 值、抑制物质、有机负荷率等）。还有基建费、运行费高，能耗大，管理较复杂等也是需要考虑的问题。

# 参考文献

[1] 张肖静. 污水生物处理新技术［M］. 郑州：郑州大学出版社，2020.

[2] 高久珺. 城市水污染控制与治理技术［M］. 郑州：黄河水利出版社，2020.

[3] 中建铁路投资建设集团有限公司. 城市污水处理及热力能源发电施工案例集成技术［M］. 北京：中国建筑工业出版社，2020.

[4] 龙莉波，周质炎. 大型地下污水处理厂构筑物设计与施工［M］. 上海：同济大学出版社，2020.

[5] 周金全，郭福龙. 城镇水工程设计典型案例［M］. 北京：中国建筑工业出版社，2020.

[6] 刘平养. 农村生活污水处理的经济分析［M］. 北京：中国环境出版集团，2020.

[7] 周质炎. 深层排蓄水隧道［M］. 上海：上海科学技术出版社，2020.

[8] 杨育红，侯佳雯，汪伦焰. 中国污水处理概念厂1.0［M］. 北京：中国水利水电出版社，2020.

[9] 段润斌. 城市污水土地可持续应用系统工程设计［M］. 北京：化学工业出版社，2019.

[10] 吴宏鑫，胡军. 特征建模理论、方法和应用［M］. 北京：国防工业出版社，2019.

[11] 王小红. 鄱阳湖流域城镇化与水环境［M］. 南昌：江西科学技术出版社，2019.

[12] 朱木兰，刘光生. 水务工程专业课程设计指导书［M］. 长春：吉林大学出版社，2019.

[13] 刘延湘. 环境工程综合实验［M］. 武汉：华中科技大学出版社，2019.

[14] 张惠灵，龚洁. 环境工程综合实验指导书［M］. 武汉：华中科技大学出版社，2019.

[15] 陆永生，等. 环境工程专业实验教程［M］. 上海：上海大学出版社，2019.

[16] 许秋瑾，胡小贞，等. 水污染治理、水环境管理和饮用水安全保障技术评估与集成［M］. 北京：中国环境出版集团，2019.

[17] 许建贵，胡东亚，郭慧娟．水利工程生态环境效应研究［M］．郑州：黄河水利出版社，2019．

[18] 王灿发，赵胜彪．水污染与健康维权［M］．武汉：华中科技大学出版社，2019．

[19] 潘奎生，丁长春．水资源保护与管理［M］．长春：吉林科学技术出版社，2019．